Kerber/Stirl

Erlebnis Modelleisenbahn

Georg Kerber/Andreas Stirl

Erlebnis Modell-eisenbahn

transpress

Einbandgestaltung: Andreas Pflaum

Das Titelbild und alle anderen Fotos stammen von Andreas Stirl, die Zeichnungen der Gleispläne von Georg Kerber, die Gebäudezeichnungen von Günter Fromm.

ISBN 3-613-71070-6

2. Auflage 1998

Lektor: Dr. Harald Böttcher
Innengestaltung: Viktor Stern
Repro: Longo Group, I-39010 Frangart
Druck: Gulde-Druck, 72070 Tübingen
Bindung: E. Riethmüller, 70176 Stuttgart
Printed in Germany

Inhaltsverzeichnis

Vorwort

Schon immer ziehen Modellbahnen jung und alt in ihren Bann. Sie bieten eine hervorragende Möglichkeit, spielerisch mit technischen Abläufen vertraut zu werden. Andererseits, und das ist wohl der Hauptgrund für die Beschäftigung mit den kleinen Fahrzeugen, macht es einfach Spaß, den Zügen nachzuschauen, kleine Szenen zu gestalten und zu probieren, wie mit Gießharz Wasser nachgebildet werden kann. Erste Versuche mit einem Gleisoval auf dem Teppich und einem kurzen Güterzug wecken meist die Neugier.
Dieses Buch wendet sich an alle, die in diese kleine Welt eintauchen wollen. Es erzählt von den Erlebnissen der jeweiligen Erbauer, schildert Rückschläge und Pannen, aber auch geniale Lösungen. Im Vordergrund steht allerdings der Spaß an diesem vielseitigen Hobby, am Entwerfen und Bauen der Anlagen und am Vergnügen des Spielens.
Vorgestellt werden neun Anlagen verschiedener Maßstäbe und Themenbereiche, gestaltet von einzelnen oder von Klubs. Neben einem einführenden Text und technischen Informationen finden Sie einen farbigen Gleisplan mit markierten Stellen, an denen die einzelnen Modellfotos des Bildteils aufgenommen wurden. So können Sie beim Betrachten der Fotos nachvollziehen, wo sich einzelne Motive befinden und welche Rolle diese auf der Anlage spielen. Auf den Fotos werden fast immer kleine Geschichten erzählt, »wahre« oder erfundene. Wir haben dabei unserer Phantasie freien Lauf gelassen. Folgen Sie uns also in diese kleinen Welten rund um die Eisenbahn und lassen Sie sich von der Vielfalt der Themen und Situationen überraschen. Und wenn Ihnen das eine oder andere Erlebnis gefällt, haben Sie vielleicht schon die erste Idee für Ihre eigene Modellandschaft.

Spielen erlaubt

Das Erlebnis

Fliegerei und Eisenbahn – das sind die Leidenschaften von Gerhard Küper. Und wie bei vielen anderen hatte der Vater entscheidenden Einfluß. Ein Kindheitserlebnis war besonders prägend, die Begegnung mit dem Krukenbergschen Schnelltriebwagen mit Propellerantrieb im Jahre 1933. Der heute siebzigjährige Gerhard Küper war damals gerade drei Jahre alt, aber den Anblick dieses Ungetüms mit dem Vierblatt-Propeller hat er heute noch vor Augen. Diese Technik war für ihn faszinierend. Und als der Vater seinem Sohn trotz eines schlechten Zeugnisses zu Weihnachten eine Trix-Modellbahn schenkte, erfüllte er sich auch ein bißchen den eigenen Wunsch nach einer Modelleisenbahn.
In den Kriegsjahren waren dem 14jährigen die Flugzeuge He 111 von Heinkel und Messerschmidts Me 109 genauso vertraut wie die 01 von Borsig oder die 44er Elefantenlok von Henschel. Eine geteilte Liebe. Doch der Krieg und die eingeschränkten Lebensumstände ließen für eine aktive Beschäftigung mit den Hobbys wenig Zeit und Mittel. Als Märklin in den 50er Jahren die erste Dampflokomotive der Baureihe 23 auf den Markt brachte, erwachte wieder das Interesse für Schienen und dampfende Loks. Und weil kurz darauf sein erster Sohn zur Welt kam, war das für Gerhard Küper ein willkommener Anlaß, ein solches Fahrzeug und drei (!) Gleise zu kaufen. Bald genügte es ihm nicht mehr, seine »23« auf dem kurzen Schienenstück pendeln zu lassen. Er suchte eine preiswerte Erweiterung. Und so kam ihm die Idee, Mittelleitergleise selbst zu bauen. Bei geraden und gebogenen Gleisen gelang ihm das ganz gut, nur bei den Weichen gab es Schwierigkeiten.

Als gestandener Ingenieur für Mess- und Regeltechnik hatte er viel mit Gleichstrom zu tun, und so waren die beruflichen Erfahrungen Anlaß genug, die Märklin-Lokomotiven auf Gleichstrom und die Gleisanlagen auf Zweileiter-Zweischienensysteme umzubauen. Im Keller der damaligen Küperschen Wohnung entstand so im Laufe der Zeit eine große H0-Anlage.

Nach dem Umzug in ein Eigenheim wurde auch eine neue Orientierung für die Gestaltung der Modelleisenbahn notwendig. Die alte H0-Anlage wurde verkauft und eine neue Anlage, diesmal in der Nenngröße N, entworfen.

Inzwischen ist Gerhard Küper über seine damalige Entscheidung froh. Mit der Wahl der kleinen Nenngröße hat er sich Freiräume geschaffen, die er nicht mehr missen möchte. Aus dem zuerst fertiggestellten Bahnhofsteil ist inzwischen eine etwa acht Quadratmeter große Anlage entstanden, die besonders durch ihre Ausgewogenheit und ihren – für die Nenngröße N außergewöhnlichen – Detailreichtum besticht.

Die Anlage

Man sieht es der aus zwei kombinierten U-Formen bestehenden Anlage nicht an, daß sie sich abschnittsweise den örtlichen Gegebenheiten anpassen mußte. Im Gegenteil: Ein gleichmäßig gut gestaltetes Gelände und das harmonische Zusammenwirken von offenen und bebauten Anlagenabschnitten kaschieren die verwinkelte Form und verleihen dem Ganzen den Eindruck, als sei alles »wie aus einem Guß« geschaffen worden. Allein zwei Jahre baute Gerhard Küper an der Verdrahtung des Gleisbildstellpults. Dabei entfiel die meiste Zeit auf die Installation der Elektronik und der zahlreichen Relais, die die gesamte Blocktechnik, Signalschaltungen und Fahrstraßeneinstellungen steuern. Auch wenn es manchem antiquiert erscheint, Gerhard Küper ist sehr stolz auf seine »Klappertechnik«, wie er die Relaisschaltungen nennt. Sie funktionieren in Verbindung mit der Elektronik absolut zuverlässig und haben ihn noch nie im Stich gelassen.

Die Plakate wurden fotografiert und mit einem Farbkopierer im Maßstab 1:160 zum Original verkleinert.

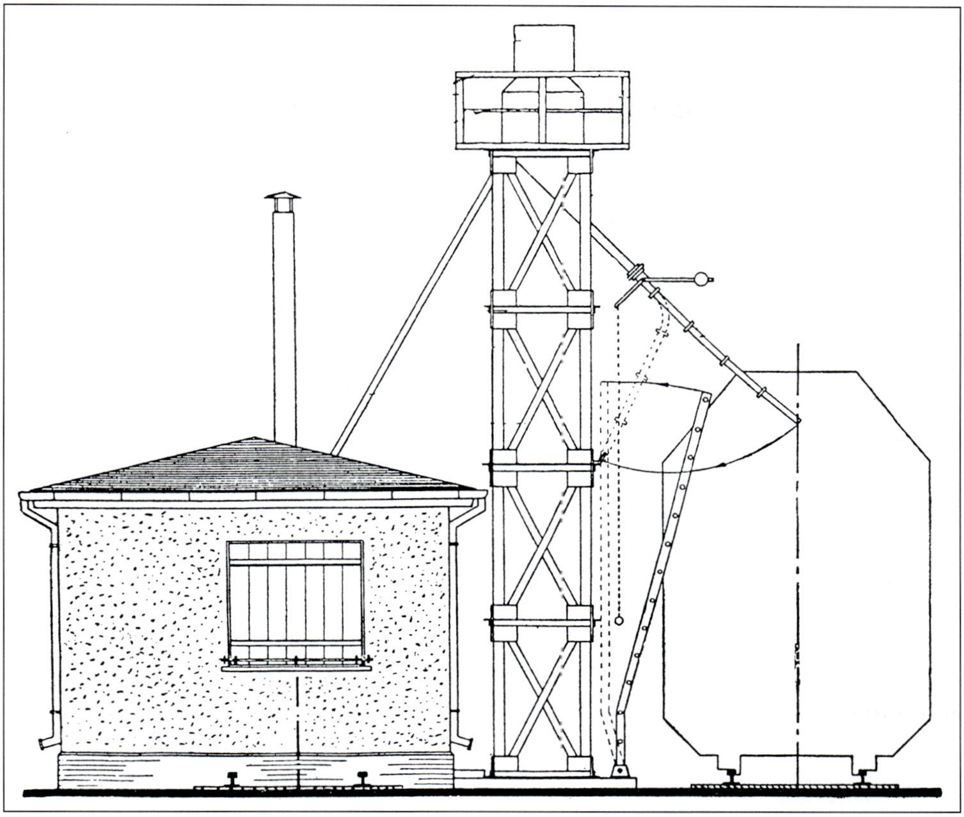

Modelltechnische Daten

Nenngröße: N

Abmessungen: 5,20 m x 3,80 m in Form von zwei verbundenen U

Bauweise: Offene Rahmenbauweise aus einem Lattengerüst, fest mit den Wänden und dem Fußboden verbunden

Geländerelief: Plattenbauweise mit aufgeklebten Styroporstücken, Papier- und Pappmachéüberzug

Geländegestaltung: Grasmatten als Grundlage, Oberflächengestaltung mit handelsüblichen Bäumen, Streumaterialien und Flockagen

Gleise: Fleischmann-piccolo-Gleise und -Weichen, z.T.auf Korkstreifen als Geräuschdämmung mit zusätzlich eingeschotterten Bettungsflanken

Weichenantriebe: Fleischmann-Unterfluranantriebe

Betriebskonzept: Zweigleisige, elektrifizierte Hauptbahn mit eingleisiger, nichtelektrifizierter Nebenbahn. Keine Bindung an bestimmte Epochen

Betriebsmittel: Handelsübliche Fahrzeuge verschiedener Hersteller. Umbauten und Frisuren in geringem Umfang

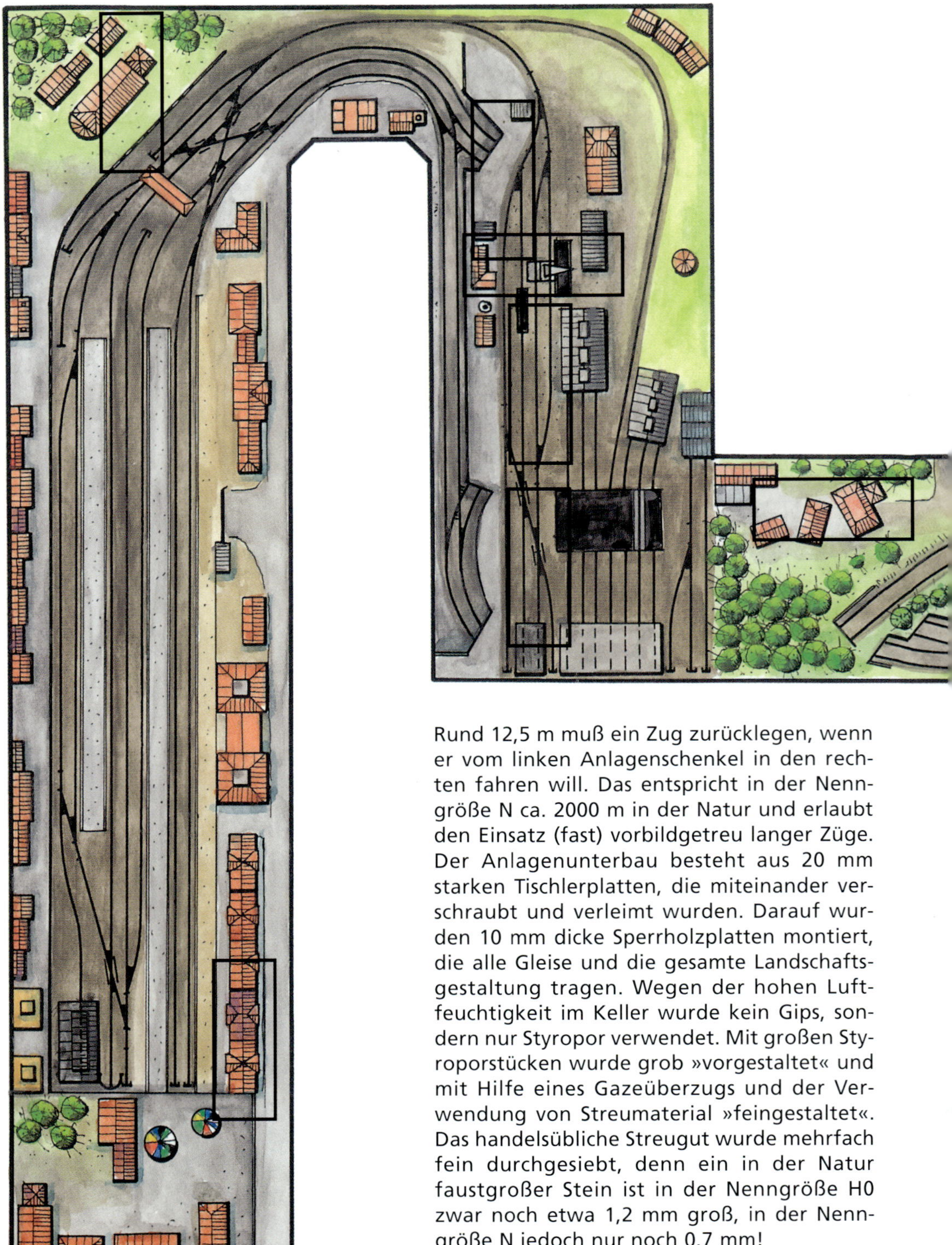

Rund 12,5 m muß ein Zug zurücklegen, wenn er vom linken Anlagenschenkel in den rechten fahren will. Das entspricht in der Nenngröße N ca. 2000 m in der Natur und erlaubt den Einsatz (fast) vorbildgetreu langer Züge. Der Anlagenunterbau besteht aus 20 mm starken Tischlerplatten, die miteinander verschraubt und verleimt wurden. Darauf wurden 10 mm dicke Sperrholzplatten montiert, die alle Gleise und die gesamte Landschaftsgestaltung tragen. Wegen der hohen Luftfeuchtigkeit im Keller wurde kein Gips, sondern nur Styropor verwendet. Mit großen Styroporstücken wurde grob »vorgestaltet« und mit Hilfe eines Gazeüberzugs und der Verwendung von Streumaterial »feingestaltet«. Das handelsübliche Streugut wurde mehrfach fein durchgesiebt, denn ein in der Natur faustgroßer Stein ist in der Nenngröße H0 zwar noch etwa 1,2 mm groß, in der Nenngröße N jedoch nur noch 0,7 mm!

Die piccolo-Gleise von Fleischmann mit dem bereits angebrachten Schotterbett sind sehr stabil und funktionssicher. Auf freier Strecke wurden die Gleise auf vorgeschnittene Preßspan-Leisten geklebt und die Bettungsflanken zusätzlich mit Schotter bestreut.

Stimmung und Betrieb

Mit seiner Modellbahn will Gerhard Küper spielen und sich an der Vielfalt wie am Detail seiner Anlage erfreuen. So fahren bei ihm Züge mit den verschiedensten Lokomotiven aus fast allen Epochen. Und wer genau hinzusehen versteht, entdeckt , daß die aufgestellten Figuren immer im Rahmen einer kleinen Geschichte »agieren«. Da sind z.B. Hochzeitsgäste vor der Kathedrale, protzige Limousinen beim Empfang in der Fabrikanten-Villa, Passanten vor dem Dallmayr-Laden und streikende Arbeiter, die vielleicht für mehr Zeit an ihrer Modellbahnanlage demonstrieren.

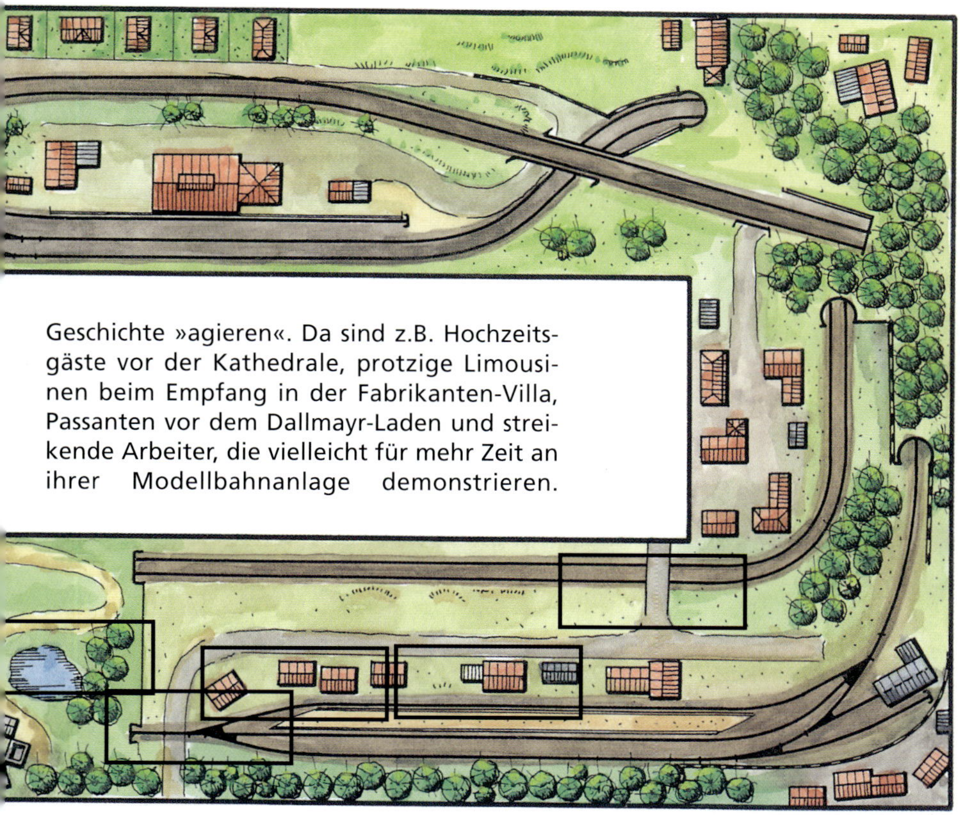

Natürlich gibt es auch den obligatorischen Verkehrsunfall. Doch im Gegensatz zu den oftmals reißerisch (und ungekonnt) gestalteten Szenen auf anderen Anlagen, ist es bei Küper ein harmloser Auffahrunfall. Polizei und Feuerwehr sind zwar eifrig im Einsatz, aber außer Blechschaden gibt es nichts zu beklagen. Im Gegenteil, die junge Dame hat nach kurzem Schreck die Situation wieder voll im Griff und versucht mit Charme und reuigem Augenaufschlag die Strenge des Gesetzes zu mildern. An Werbeflächen kleben verkleinerte Bahn-Plakate wie z.B. »Fahr & Spar - die neuen Preise der Bahn« oder »Alle reden vom Wetter – wir nicht«.

Der Stolz der Küperschen Anlage ist das Bahnbetriebswerk für alle Traktionsarten. Dabei entstand es nicht einmal nach einem konkreten Vorbild. Damit alle auf der Anlage verkehrenden Modellokomotiven gewartet und unterhalten werden können, besteht das Werk aus einem Dampflok- und einem E-Lok-Teil. An den Zapfsäulen einer Tankanlage können außerdem Diesellokomotiven mit Treibstoff versorgt werden.

Eine Modell-Hochzeit. Während sich die Kirchentür öffnet, sind die letzten Akkorde von Mendelssohn Bartholdys Hochzeitsmarsch zu hören. Und während das Brautpaar mit Gefolge erscheint und Geld unter die Menge wirft, dreht der wartende Autofahrer das Radio lauter und hört in den Lokalnachrichten: »Fürst Gerhard von Küpersbuschs Sohn hat heute geheiratet.«

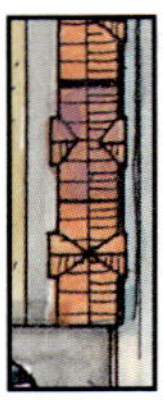

»Ham sie's schon gehört? Die Schulzen Frieda will bei Dallmayrs immer die ganzen Bohnen sehen. Eher kauft die keinen Kaffee.« »Psst! Da kommt sie gerade mit ihrem neuen Lover.« »Ganz vornehm.« »Mit gelbem Käfer-Cabrio.«

»K für Köln - 4711 und B für Berlin - 0815. So, die hab´ ich notiert. Die werden sich wundern, wenn sie Post von mir bekommen. Wo kommen wir denn da hin. Ich muß arbeiten und die angeln mir die letzten dicken Karpfen weg.«

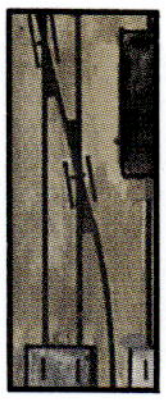

»Otto, oben links, neben der dritten Waschluke ist noch ein Fleck. Geh doch noch einmal mit dem Lappen drüber.« - »Meister, ich glaube ich muß runter. Ich hab gerade mein Spiegelbild in der blanken Lok gesehen und festgestellt, daß ich ganz blaß bin.« Da knurrt der Lokführer der V 36: »So ein Aufsehen hat noch niemand um meinen Rangier-Fridolin gemacht. Als ob die 10 so etwas Besonderes ist«.

»Geheimer Staatssekretär Schmittbauer mit Gattin.« »Oh, Mister Schietbauer, I'm very glad, to see you.«

Es gibt wie immer wenig zu tun in der Starkstrommeisterei. Während Emil Jannungs seit zwei Stunden die leere Schubkarre über den Hof schiebt, muß Azubi Gisbert Isolator alte Traversen sortieren. Ganz schlau ist der dürre Heinz: Er steht bei den Kabeltrommeln und dreht die kleinste Trommel, obwohl kein Draht darauf ist. Bewegung ist eben alles.

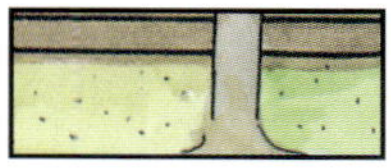

»Opa, was passiert, wenn ich einen kleinen Stein runterwerfe?« - »Um Gottes willen Junge! Der Stein knallt bei der hohen Geschwindigkeit des Triebwagens gegen die Frontscheibe, der Triebfahrzeugführer denkt an einen Anschlag auf den Zug, er leitet eine Notbremsung ein, und alle Passagiere fallen durcheinander.«

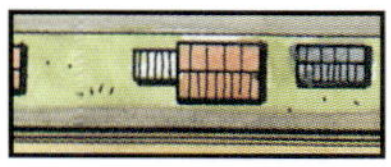

»Schon wieder zugenommen,« stöhnt der Bahnhofsvorsteher. »Zum Glück hat meine Frau heute früh noch die Knöpfe versetzt. Was wäre das für ein Gerede gewesen, hätte ich die Galauniform mit Säbel meines Großvaters nicht tragen können. Hoffentlich kommt der Bundespräsident mit Gattin nicht im nächsten Jahr schon wieder zu Besuch. Dann paßt das gute Stück garantiert nicht mehr.«

»He - willst Du auch 'ne Ladung Kohle für deine Kö haben?« »Nee - vielen Dank. Mir reicht schon euer Kohlengrus, den ich mir immer an den Schuhen in die Kabine schleppe.«

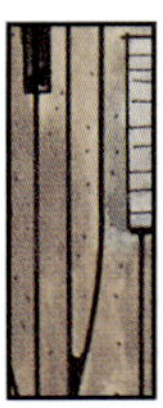

»Wie macht das der 'grüne Gerhard' nur immer? Hält Mittagsschlaf in der Blechbude, obwohl das Vorhängeschloß abgeschlossen ist.«

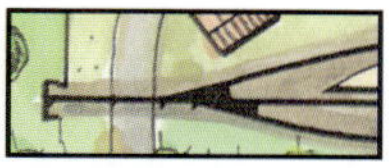

»Puh, jetzt hab' ich mich aber angestrengt, um die Schranke noch runter zu bekommen. Der flinke Franz von der Post wollte doch unbedingt noch drunter durch huschen.«

»Brrr meine braven Zossen. He Emil, da fehlt ja ein Faß.« »Das habe ich dem Haxner Alois schon auf seine Dreikantfeile geladen. Der bringt nämlich am Sonntag endlich seine Tochter unter die Haube, und da muß Bier reichlich fließen.«

Sorge
Bahnhof

Keine Sorgen in Sorge

Das Erlebnis

»Hurra, es ist ein Junge! Hurra, es ist ein Sohn!« Wenn dieser Ruf durch die Gänge einer Entbindungsstation hallt, wissen alle, daß der Welt nicht nur ein neuer Erdenbürger, sondern auch ein glücklicher Vater geboren wurde. Für Vater Göhre war es vor 30 Jahren eine doppelte Freude: Die Geburt eines gesunden Stammhalters und endlich die Möglichkeit, sich »begründet« eine Modelleisenbahn anzuschaffen.
Die Hoffnungen des Vaters erfüllten sich. Sein Sohn Ralf wurde nicht nur begeisterter Modelleisenbahner, sondern, so wie er, auch Eisenbahner von Beruf. Heute fährt der 30jährige mit seiner 218 aus der Einsatzstelle Magdeburg-Rothensee »alles was an den Haken gehängt wird«. Dabei reichen die Laufpläne bis nach Hannover, Salzgitter und in den Vorharz.
Kaum konnte Ralf Göhre über die Kante der TT-Anlage des Vaters sehen, da durfte er auch schon die Hand an den Regler legen. Vier Anlagen hat Vater Göhre mit seinem Sohn gebaut.
Als der Vater seine Liebe zur Gartenbahn der Nenngröße IIm (LGB) entdeckte, half die ganze Familie mit, passende Motive, Landschaftsdetails und Fahrzeugvorbilder zu suchen. Dabei spielten der nahegelegene Harz und die dort verkehrende Harzquerbahn eine wichtige Rolle. Ralf Göhre hat damals alles über diese Strecke und ihre Fahrzeuge gesammelt. Nicht nur für den Vater, sondern auch schon für sich, obwohl er damals noch nicht wußte, was er mit dem Material anfangen wollte. Es dauerte noch einige Jahre bis er beschloß: Ich baue eine Versuchsanlage »Bahnhof Sorge«. Warum Versuchsanlage?

Zuerst wollte er testen, wie klein die Radien bei großen Steigungen gewählt werden können, ohne daß die vorhandenen Triebfahrzeuge »schlapp machen«. Weiterhin hatte er noch nie einen größeren Wald auf einer Modellbahnanlage dargestellt. Immer waren es nur einzelne Bäume. Würde es ihm gelingen?

Die Anlage

Mit 1,24 m x 0,84 m zählt die Anlage von Ralf Göhre sogar in der Nenngröße TT zu den »Kleinstanlagen«. Von vornherein wurde sie so angelegt, daß sie (zunächst) als selbständige Anlage und später (möglicherweise) als Teil einer Segmentanlage genutzt werden kann. Gegliedert ist sie in einen »Schauteil«, der etwa 92% der Fläche einnimmt und in einen Schattenbahnhof mit Anschlußgleis. Dieser soll später durch eine »Geländehaube« abgedeckt werden, so daß eine nahtlose Landschaftsgestaltung zur geplanten Erweiterungsplatte »Gernrode« möglich wird.
Der Anlagenrahmen besteht aus gehobelten Latten, auf denen eine 10 mm dicke Platte aus wasserfestem Sperrholz befestigt wurde. Das Gelände besteht aus Styrodur, einem festen Schaumstoff, der entsprechend dem Höhenverlauf in Schichten übereinandergeklebt wurde. Die Feingestaltung erfolgte mit Lötkolben und Drahtbürste. Und um sich nicht den Zorn seiner Frau einzuhandeln, erledigte Ralf Göhre diese Arbeiten auf dem Balkon.
Die Versuche mit dem Gleis und den Steigungen verliefen zufriedenstellend. Das Gleismaterial (N-Flexgleis) und die Weichen nebst

Der Schattenbahnhof mit der Anschlußmöglichkeit für weitere Segmente. Damit bei einer falschen Weichenstellung der Zug nicht etwa in den Abgrund rast, wurde die eine Schiene entfernt, so daß die Lok dann auf dem Schwellenbahn zum Stehen kommt.

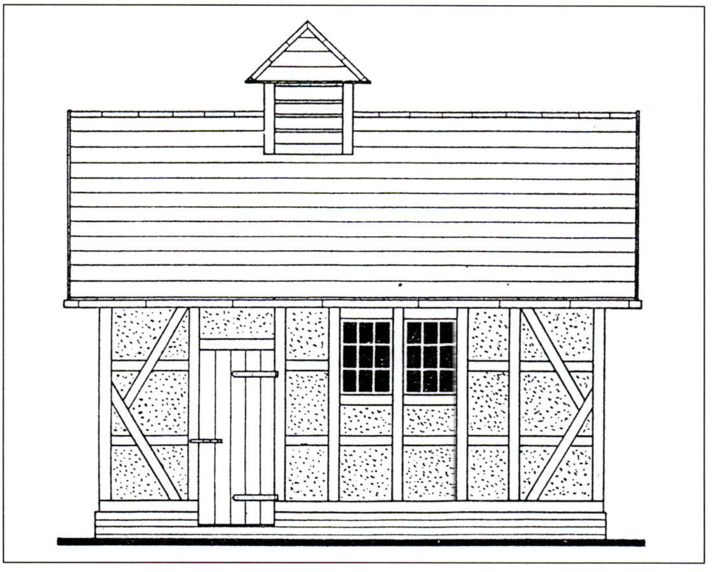

Antrieben stammen von Roco. Eingeschottert wurde vorbildgetreu mit feinem Basaltschotter von Asoa. Weil das Schotterbett nach dem Abbinden sehr dunkel erschien, wurde es grau eingefärbt. Für die Gebäude wurden Bausätze ausgewählt, die den Vorbildbauten ähnlich waren und sich mit relativ geringem Aufwand modifizieren ließen.

Nicht ganz so problemlos verliefen die Experimente mit der Darstellung geschlossener Waldareale. So schlug der Versuch, ein feinmaschiges Netz über den Hang zu spannen und darauf die Baumkronen zu drapieren völlig fehl. Also mußten die Bäume doch wieder Stamm für Stamm eingepflanzt und mit Hekiflor begrünt werden.

Modelltechnische Daten

Nenngröße: TTm

Abmessungen: 1,24 m x 0,84 m

Bauweise: Offene Rahmenbauweise aus Latten mit teilweiser Plattenabdeckung aus Sperrholz

Geländerelief: Spantenbauweise mit aufgetackertem Drahtgeflecht und dünnem Gipsüberzug

Geländegestaltung: Grasmattenuntergrund farblich stark nachbehandelt, handelsübliche und selbstgebaute Bäume aus Geäst und Foliagen von Heki

Wassergestaltung: Faller-Gießharz in ausgebautem Flußbett, trübe eingefärbt

Gleise: Roco-N-Gleise (Flexgleis) und -Weichen
Weichenantriebe: Roco-Oberflurantriebe

Betriebskonzept: Eingleisige geschlossene Streckenführung, Anschlüsse geplant und vorbereitet

Betriebsmittel: Dampf- und Diesellokomotiven sowie Triebwagen der Harzquerbahn (Epoche V)

Stimmung und Betrieb

Es ist erstaunlich, wie gekonnt auf einer so kleinen Anlage eine typische Harzstimmung nachempfunden werden kann. Wer den Harz schon aus der Sicht der Eisenbahn erlebt hat, kennt die engen Kurven, in denen man aus dem hinteren Wagen die Lokomotive sehen kann, sowie die Tunnelfahrten durch tannenbedeckte Berge.

Vorbildgetreue Züge konnten mit den Fahrzeugen der Firmen Kehi und Kittler zusammengestellt werden. Alle Lokomotiven und Wagen wurden von Ralf Göhre vor dem Einsatz auf der Anlage »frisiert«. Die Zurüstteile dafür stammen von den Firmen Weinert bzw. Hobby-Ecke Schumacher. Komplette Eigenbauten entstanden mit Gehäusen aus Messingblech auf Fahrwerken von Arnold-N-Lokomotiven. Auch die Farbgebung wurde oft nachbehandelt, Zierstriche wurden angebracht, Fenster umrandet und die Fahrgestelle abgestumpft und mit feinen Rostspuren versehen. Besonderen Wert legt er auf enge Wagenabstände und zuverlässige Kupplungen.

Die kleine Testanlage hat ihre Bewährungsprobe bestanden. Pläne für eine räumliche und betriebliche Erweiterung hat Ralf Göhre schon parat. Ein Anschlußteil nach Gernrode und ein Umspurbahnhof sollen gebaut werden. Der Betrieb mit Rollböcken und -wagen wird der nächste große Versuch sein. Vorerst erfreut sich Ralf Göhre aber an seiner Harzbahn und den kleinen Episoden, die seinen Figuren tagtäglich passieren.

Rechte Seite: Typisch Harz: Kaum raus aus dem Tunnel, geht es auch schon wieder über eine Brücke. Hier ist es die Einfahrt nach Sorge aus Richtung Benneckenstein.

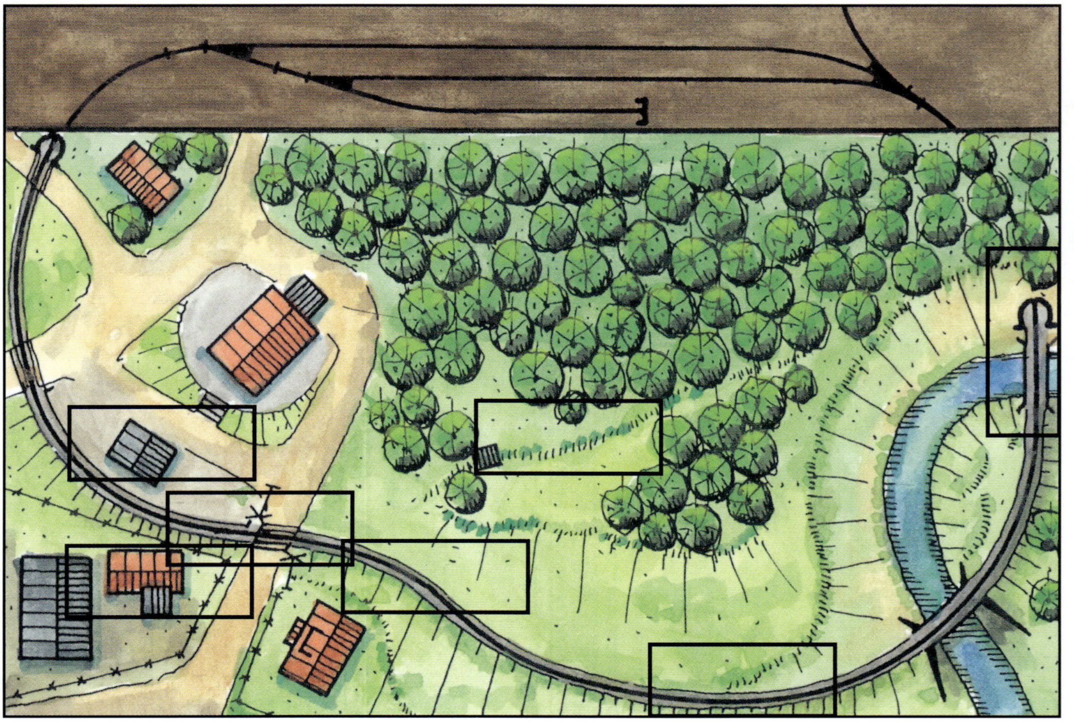

»Linda, mach die Fenster zu« ruft der alte Gorges, der vor seinem Haus am Gartentisch sitzt. Schnell ist seine Frau zur Stelle. »Kommt der alte Stinker schon wieder« schimpft sie und schaut böse auf die heranpolternde 99.7 mit den bunten Personenwagen. Dabei verkehren nur noch vier Züge pro Tag und die machen so wenig Ruß, daß die Angst um die Gardinen und die Möbel eigentlich völlig unbegründet ist.

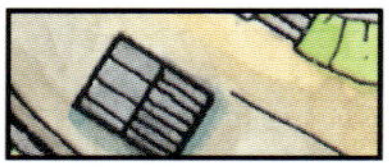

»Nanu, um diese Zeit hält hier ein Triebwagen?« wundert sich Frau Trautmann. »Da könnte ich doch gleich mal nach Benneckenstein fahren«, und sie beschleunigt ihren Schritt. Doch der Triebfahrzeugführer vom VT 187 001 sieht sie eilen und kurbelt die Scheibe im Führerstand herunter. »Rennen sie nicht so, junge Frau« ruft er der fülligen Trautmännin zu. »Wir sind nur ein Arbeitstriebwagen und können keine Reisenden mitnehmen.« »Na dann eben nicht!« schimpft Hilde Trautmann. Ein bißchen fühlt sie sich aber geschmeichelt wegen der »jungen Frau«.

»Nun gilt es aber, die Beine in die Hand zu nehmen, damit ich den Shuttle-Train noch erreiche.« Heinz-Ingo Dürr ist nämlich Student in Berlin und befleißigt sich einer gepflegten Sprache mit fremdem Vokabular. Vati und Mutti sind deshalb sehr stolz auf ihren (gebildeten) Sohn. Die Nachbarn haben ihren Spaß und kichern hinter der vorgehaltenen Hand über den Spinner.

»Wer fährt denn heute noch mit der Eisenbahn« spottet der Sohn von Bauer Heinemann und blickt stolz auf sein neues pinkfarbenes Cabrio. Vaters VW-Polo war ihm zu »poplig«. Aber spätestens heute abend, wenn das Heu für die Pferde geholt werden muß, sitzt Sohnemann wieder auf dem Traktor, der jetzt noch in der Ecke steht.

»Stell dir vor, da habe ich doch vorhin auf der Schützenwiese eine junge Frau splitternackt im Gras liegen sehen.« »Und da hast du hingeguckt, Vater?« »Was heißt hingeguckt. Ganz nahe ran bin ich gegangen. Du weiß ja, wie schlecht ich sehen kann.« »Na und dann?« »Es war ein Mann«.

Ein Novum bei der Modellbahn: Der Feuerlöschzug. Wasser- und Gerätewagen können aber heute vom Einsatz in Sorge wieder abgezogen werden, weil schon die FFW (Freiwillige Feuerwehr) mit ihrem alten Robur-Löschfahrzeug den kleinen Buschbrand hinter dem Bahnhof unter Kontrolle gebracht hat.

95 6676

Steilrampenbetrieb mit 0,016 PS

Das Erlebnis

Fast alle Jungs wollen irgendwann einmal Lokomotivführer werden. Auch für Detlef Gottschalk aus Strausberg gab es eine Zeitlang nur diesen einen Wunsch. Während bei vielen seines Alters bald andere Berufe ins Blickfeld gelangten, blieb er dabei und wollte eine Lehre als Lokomotivschlosser (mit Ziel Lokführer) in der Einsatzstelle Wriezen des Bw Frankfurt/Oder beginnen. Doch dann kam die große Enttäuschung. Aus gesundheitlichen Gründen kam ein Dienst als Lokführer nicht in Betracht. Das war das »Aus« für einen großen Traum. Doch nachdem der erste Schreck überwunden war, hatte er eine Idee: Wenn er nicht Herr über 3000 Pferdestärken sein konnte, dann wollte er wenigstens bei einer Modellbahnlok mit ihren 0,016 PS am Regler stehen.
Die Liebe zur Eisenbahn kam nicht von ungefähr. Aufgewachsen in Buckow (Märkische Schweiz) verbrachte er seine Kindheit in unmittelbarer Nähe der legendären Nebenbahn von Buckow nach Müncheberg, deren elektrische Triebwagen an feuchten Herbstabenden mit ihren Abrißfunken am Stromabnehmer blaue Blitze an die Kinderzimmerdecke zauberten.
Der Betrieb auf Bergstrecken und Steilrampen faszinierte Detlef Gottschalk schon immer. Bei einem Ferienaufenthalt in Sachsen entdeckte der 14jährige die Steilstrecke zwischen unterem und oberem Bahnhof in Eibenstock. Bei dieser Bahn fuhr die Lok immer auf der Talseite, so daß der erste Wagen mit zwei Leuchten und Spitzenlicht sowie Bremsvorrichtungen ausgestattet wurde. Der zu Tal fahrende Zug

mußte am »Halt« zeigenden Einfahrsignal anhalten. Erst wenn sich der Fahrdienstleiter im unteren Bahnhof vom Stillstand des Zuges überzeugt hatte, stellte er das Signal auf »freie Fahrt«. Diese Beobachtungen waren für Detlef Gottschalk so interessant, daß er sich entschloß, diesen Betriebsablauf zum Thema einer Modellbahnanlage zu machen. Denn die Geislinger Steige ins Bastelzimmer zu holen, war unmöglich, obwohl er mit der Nenngröße TT (1:120) räumlich nicht sehr anspruchsvoll war.

Die Anlage

Da die Anlage nicht nur im Bastelkeller oder Kinderzimmer stehen, sondern auch auf Modellbahnausstellungen gezeigt werden sollte, war ein stabiler aber dennoch leicht zu transportierender Unterbau notwendig. Dieser entstand in geschlossener Rahmenkonstruktion mit einer auf Kieferholzleisten verleimten Sperrholzplatte.
Hauptmotiv ist die Steilstrecke zwischen unterem und oberem Bahnhof mit dem Einfahrsignal und dem Sandgleis. Diese Elemente wurden deshalb zentral angeordnet. Der obere Bahnhof ist als Kopfbahnhof gestaltet, der untere als Durchgangsbahnhof. Die Steilrampe besteht aus einem Trassenbrett, mit einer Neigung von 1:15. Die Anschlüsse an die untere und obere Ebene sind sorgfältig ausgerundet. Grundlage der Landschaftsgestaltung ist Schaumpolystyrol und Bauschaum. Von den darauf geklebten Geländematten wurde vorher das dicke Trägerpapier abgezogen. Die Steilhänge wurden zum größten Teil mit

Eigen- und Umbaumodelle bestimmen den Fahrzeugpark auf der Anlage. Der Kittel-Dampftriebwagen entstand völlig in Eigenbau, wobei Messingätzteile und ein Antriebsatz mit Faulhaber-Motor verwendet wurden.

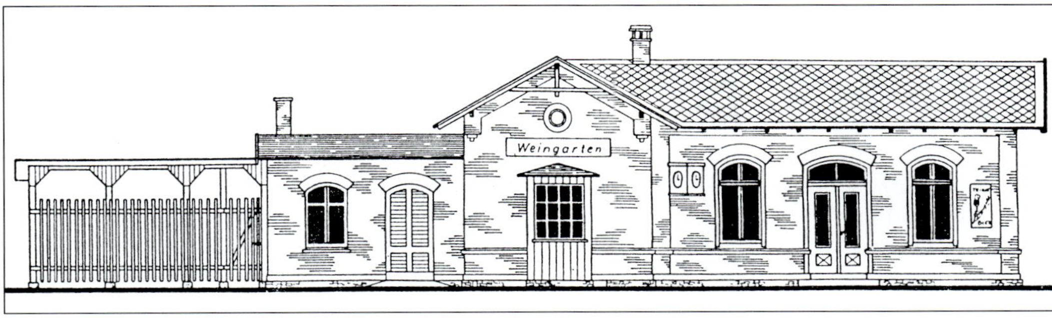

selbsthergestellten Bäumen (Scharfgarbe u.ä.) bepflanzt. Die Felspartien bestehen aus Korkrindenstücken und Bauschaum, der nach dem Erhärten »geschnitzt« und mit einer Drahtbürste behandelt wurde.
Als Gleismaterial fanden ausschließlich Flexgleise von Tillig (Pilz-Gleis) und Weichenbausätze Verwendung. Das Gleis sollte »stark betriebsbeansprucht« aussehen, und der Zustand eines etwas vernachlässigten Oberbaus, wie er auf den Nebenstrecken in den 50er Jahren anzutreffen war, nachempfunden werden. Trotz dieser etwas »wackeligen« Gleislage wurde auf hohe Betriebssicherheit großer Wert gelegt. Der gekonnte Einsatz einer airbrush-Pistole sorgte für die beabsichtigte Alterung. Fast alle Gebäude sind aus Bausätzen von Auhagen gebaut, teilweise geändert, aber prinzipiell gealtert.

Stimmung und Betrieb

Dreh- und Angelpunkt des Betriebes auf der kleinen Anlage ist natürlich der Verkehr auf der Steilrampe. Vorbildgetreu bleibt dabei die Lokomotive grundsätzlich an der Talseite des Zuges, unabhängig, ob eine Berg- oder Talfahrt stattfindet. Vorbildgetreu halten auch die talwärts fahrenden Züge stets am Einfahrsignal, das erst auf Hp 1 gestellt werden kann, wenn die Weiche vom Sandgleis auf das durchgehende Gleis umgestellt wurde. Zum vorbildgetreuen Betrieb gehören aber auch vorbildgetreue Fahrzeuge, und da war die Auswahl im TT-Sortiment nicht gerade groß. Da die Eibenstocker Bergstrecke nur thematische Orientierung für die Anlage war, konn-

Modelltechnische Daten

Nenngröße: TT

Abmessungen: 1,66 m x 1,10 m als Rechteckplatte

Bauweise: Plattenbauweise (Sperrholzplatte) auf Kiefernleisten verleimt

Geländerelief: Spantenbauweise, Zwischenräume mit Styropor und Bauschaum ausgefüllt

Geländegestaltung: Grasmatten, Bewuchs aus handelsüblichem Material und aus präparierten Naturpflanzen

Gleise: Pilz-Flexgleis und -Weichen, mit Sand eingeschottert und gealtert

Weichenantriebe: Roco, Tillig (motorisch) und Pilz (alte Doppelspulen)

Betriebskonzept: Durchgangsbahnhof an einer eingleisigen Hauptbahn mit abzweigender Steilstrecke zum oberen Bahnhof (Kopfbahnhof), Schiebebetrieb auf der Steilstrecke

Betriebsmittel: Dampf- und Diesellokomotiven sowie Triebwagen der Epoche III, Umbauten bei allen Fahrzeugen und viele Selbstbauten

ten auch andere für Steilstrecken typische Fahrzeuge eingesetzt werden. So fahren neben der 94.20-21 (Beckmann) und einem Verbrennungstriebwagen (p.m.t.) von Detlef Gottschalk selbstgebaute Lokomotiven, z. B. die 95 5576 (ehemalige »Mammut« der HBE, Halberstadt–Blanckenburger-Eisenbahn, genannt Rübelandbahn) und eine preußische T 16 des Bauloses von 1916.
Ein Griff in die riesige Ersatzteilkiste und aus halbierten Puffern entstehen Lampenaufsätze auf Personenwagen oder Lüfter aus alten Dentalfräsern. Aus der Not des Fahrzeugbaus ist eine Tugend geworden. 14 Lokomotiven hat Detlef Gottschalk inzwischen um- oder neu gebaut, darunter solche modellbahnerischen Leckerbissen wie einen Kittel-Dampftriebwagen und eine preußische T8. Natürlich mußten auch Wagen umgebaut werden. So wurden der Steuerwagen des Wendezuges mit Laternen und einer Zugführerfigur versehen sowie zahlreiche Personen und Güterwagen mit automatischen Kupplungen bzw. Kurzkupplungen ausgerüstet.
Im unteren Bahnhof herrscht immer Hochbetrieb. Dafür sorgen auch die durchgehenden Hauptgleise, die sich im unsichtbaren Teil der Anlage zu einem Oval vereinigen, in das ein

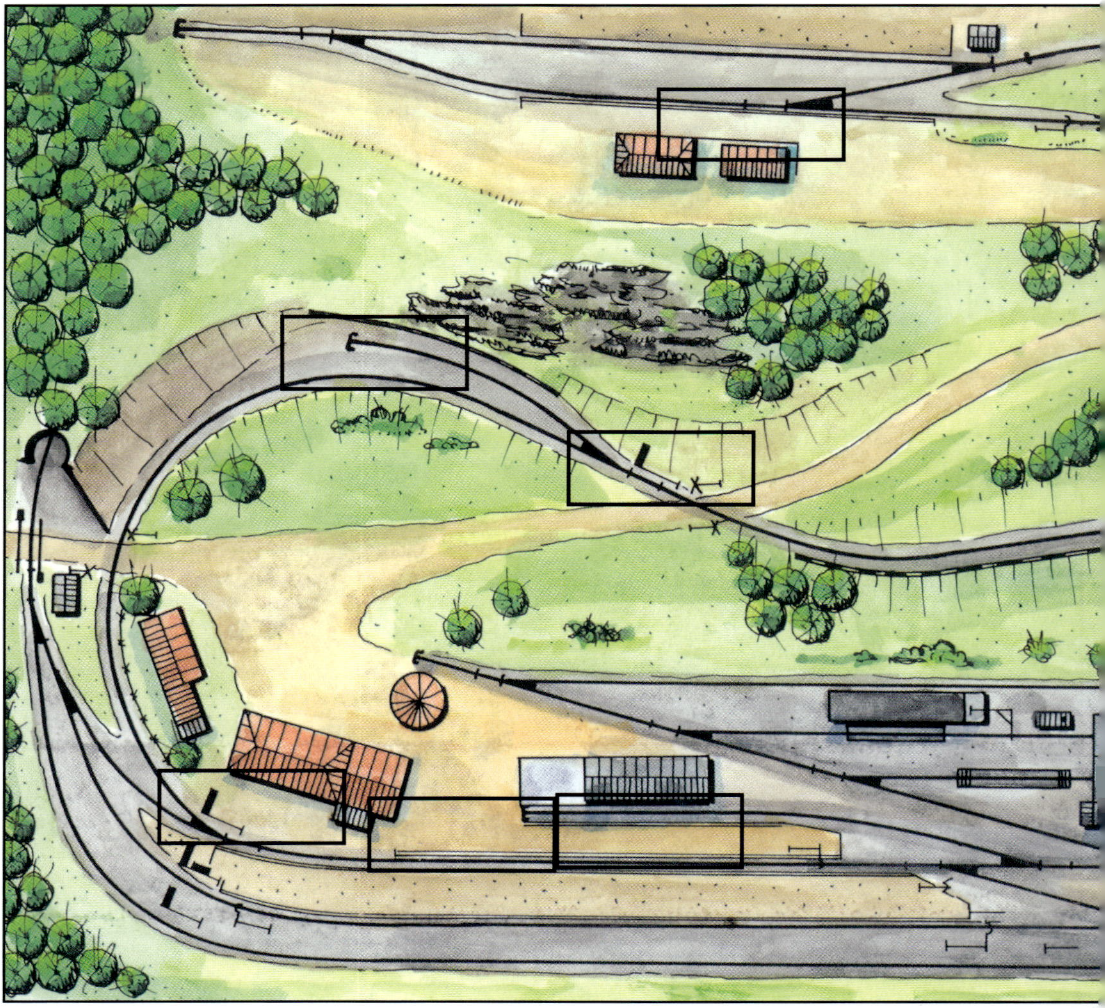

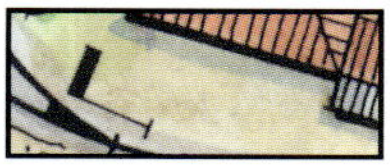

Signal steht, der Fahrdienstleiter gibt den Abfahrauftrag Zp 9, und los geht die Fahrt vom unteren zum oberen Bahnhof! »Im Sommer ist es ja ganz schön«, überlegt Zugführer Wilhelm, »doch bei zehn Grad Kälte frierste dir hier auf der Plattform einen ab«.
Klein-Kathrin, die ihre Oma zum Zug gebracht hat und wie versprochen bei der Ausfahrt winkt, bleibt länger als nötig auf dem Bahnsteig stehen und wirft dem hübschen Reichsbahn-Junghelfer vor dem Empfangsgebäude ein paar glühende Blicke zu.

Schattenbahnhof eingebunden ist. Doch Höhepunkt jeder Vorführung ist die Talfahrt des Wendezuges, der mit quietschenden Bremsen gerade noch am Einfahrsignal zum Stehen kommt, dann das Umstellen der Schutzweiche und darauffolgend das klappernde Hochklettern des Signalflügels. Knallend entweicht die Luft aus der Riggenbach-Gegendruckbremse, während der Zug langsam in den unteren Bahnhof einrollt.
So schön kann Steilrampenbetrieb sein!

Während der Zug stampfend bergwärts schnauft, bimmelt ununterbrochen das Läutewerk der Lokomotive. Zusätzlich nutzt Gustav Wilhelm auf der zugigen Wendezug-Plattform die Trillerpfeife. Mit der linken Hand umfaßt er fest die Handbremskurbel, in der rechten hält er die Reißleine zum Notbremsventil. Sicher ist sicher! Schon hinter der nächsten Kurve können Überraschungen lauern, auf die man gefaßt sein muß.

Im oberen Bahnhof herrscht gemütlicher Vormittagsbetrieb. Während der Wendezug klappernd über die Weichen rollt und zischend am Bahnsteig zum Halten kommt, macht sich die »Mammut« zur Talfahrt bereit. Schwitzend hatte der Lokführer seine Bremshundertstel ausgerechnet, denn bis zum unteren Bahnhof fährt kein Schaffner mit. »Die Holzfuhren sind immer höllisch schwer und wenn man zu scharf bremst, hat man schnell die ganze Ladung im Kreuz« erklärt er seinem jungen Heizer. »Oder auf'm Kessel« erwidert dieser gelangweilt.

»Laaangsam, laaangsam« kommandiert sich der Lokführer laut selbst und stellt behutsam am Führerbremsventil: »Bremsen - und lösen. Bremsen - und wieder lösen.« Rumpelnd kommt die Fuhre schließlich zum Stehen. Gespannt schaut der junge Heizer aus dem Fenster, doch die Pufferteller stehen exakt in der Signalflucht. »Nee, nee, is nischt mit Überfahren!« lacht der Meister und wischt sich mit seinem rotweißkarierten Taschentuch den Schweiß vom Gesicht.

»So ein Unfug. Kaum sitzt man beim Frühstück, da pfeift's schon wieder am Einfahrtsignal. Wenn die wüßten – ohne Brille kann ich sowieso nicht sehen ob der Zug steht oder nicht.«

Hier hat's gekracht! Das mußte ja mal kommen! Doch daß es ausgerechnet dem Köhler Wilfried passieren mußte, das hatte niemand erwartet. Der fuhr immer so vorsichtig, daß er nie pünktlich im Tal war. Im Untersuchungsprotokoll wird später stehen, daß die Witterungsumstände äußerst schlecht waren: Nebel, Regen und viel Herbstlaub, das die Schienen verteufelt rutschig machte. Die Bergung dauerte schließlich fast zwei Tage und war nur mit Hilfe eines Kranes möglich.

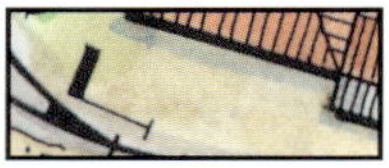

»Plötzlich war die Erde weg! Mitsamt dem Schotter - einfach so ins Loch gerutscht!« Seifferts Oskar vom Kittel-Dampftriebwagen kann es noch gar nicht fassen. Bloß gut, daß er die Ausfahrt noch rechtzeitig stoppen konnte. »Der ganze Kittel währ´ mir doch ins Loch reingefallen.« Die Arbeiter von der Bahnmeisterei glauben nicht an ein »Geisterloch«. »Wird wohl ein defektes Wasserrohr sein, das alles unterspült hat.« Das glauben auch Wilkes, die im Obergeschoß des Bahnhofsgebäudes wohnen, und sie fahren erst einmal zu ihrem Sohn. »Bis der Trubel hier vorüber ist.«

»Ihr könnt pfeifen wie ihr wollt. Erst wird das Schild geputzt und danach angekuppelt.«

»Der Tag fängt ja gut an für den Wirt vom ‚Tanneneck'. Während die anderen zur Frühschicht fahren, holt er schon wieder Fässer für die Kneipe.« » Ja, ja Frau Kruse – es wird wohl wieder ein heißer Tag.«

Die »Anlage der schönen Harmonie«

Das Erlebnis

»Nur sehr breite Menschen können auf zwei Stühlen sitzen«, sagt der Volksmund. Die Modellbahnfreunde des Modelleisenbahn-Vereins Senftenberg können es, obwohl sie allesamt ganz normal proportioniert sind. Gemeint sind natürlich die beiden Anlagenprojekte der Niederlausitzer in H0 und in TT. Obwohl sie alle Hände voll zu tun haben mit dem weiteren Ausbau ihrer H0-Anlage nach heimatlichen Reviermotiven, gedeiht die zweite, die TT-Anlage, prächtig und droht der »großen Schwester« bald den Rang abzulaufen.

Als sich 1992 die beiden DMV-Arbeitsgemeinschaften der Schwerpunktnenngrößen H0 und TT zum Modelleisenbahn-Verein (MEV) zusammenschlossen, dominierten bei den H0-Anhängern die Motive aus dem heimischen Braunkohlerevier. Mit dieser Philosophie hatten sie bereits einigen Ruhm errungen: Ein Teil ihrer Großanlage mit der vorbildgetreu nachgebildeten Strecke Großräschen–Großräschen Süd befindet sich als Dauerleihgabe im Stadtmuseum Großräschen und kündet dort allen Besuchern vom Können der Modellbauer.

Doch die TT-Bahner hatten andere Vorstellungen hinsichtlich der Motivwahl und der Anlagenkonzeption. Etwas Liebliches sollte es sein. Die verrußte Atmosphäre der Kohle hatte man täglich vor Augen, viele waren dort sogar in Lohn und Brot. So konzentrierten sich die Themen mehr und mehr auf eines der beliebtesten Urlaubsziele zu DDR-Zeiten, den Thüringer Wald mit seinem sanfthügeligen Vorland. An ein konkretes Vorbild wollten

sich die Anlagenbauer dabei nicht binden, doch charakteristische Züge sollte die große Segmentanlage schon haben. So die Weinberge im Unstruttal, die Saalebrücken im oberen Saaletal, und natürlich die zahlreichen Burgen, die die Thüringer sogar in ihren Liedern besingen. Die Strecke sollte eine Nebenbahn sein, eingleisig, mit vielen Bögen und kleinen Bahnhöfen entlang der Strecke.
Daß solch ein Vorhaben, das von allen mit viel Engagement mitgetragen wird, auch zu besonderen Höchstleistungen einzelner führen kann, ist hinreichend bekannt. In diesem Fall war es ein junger Mann, der sich bereits seit vielen Jahren mit der Anfertigung von historischen Gebäuden und Kleindioramen aus Gips beschäftigt. Mit Begeisterung nahm er sich eines Teils der Landschaftsgestaltung und besonders der Burgen und Ruinen an, die ausgemachte Publikumslieblinge bei den zahlreichen Ausstellungen der Senftenberger sind.

Die Anlage

Die ersten Pläne zum Bau einer TT-Gemeinschaftsanlage gingen auf das Prinzip zurück, verschiedene Einzelmodule zu kombinieren. Dabei sollte jedes Klubmitglied sein eigenes Anlagenteil bauen, mit der Vorgabe, platzsparend zu sein und für viel Abwechslung zu sorgen. Doch so recht hat das alles nicht funktioniert, und so entstand als erste Variante der heutigen Gemeinschaftsanlage eine Segmentanlage in offener Streckenführung. Das heißt, eine eingleisige Strecke führt von A nach B. Für Modellbahner ist dies eine sehr vorbildgetreue Situation, für die Zuschauer auf Ausstellungen jedoch eher langweilig, da wenig Zugverkehr zu sehen ist. So wurden an den Endpunkten der Anlage Kehrschleifen angebracht, die einen schnelleren Betriebsablauf zulassen. Wenn der Klub aber »unter sich ist«, gilt nur die offene Streckenführung.

Auch eine noch so perfekte Landschaftsgestaltung wird erst durch kleine, authentisch wirkende Figurenszenen zum Erlebnis. So wird die Anlage »lebendig«.

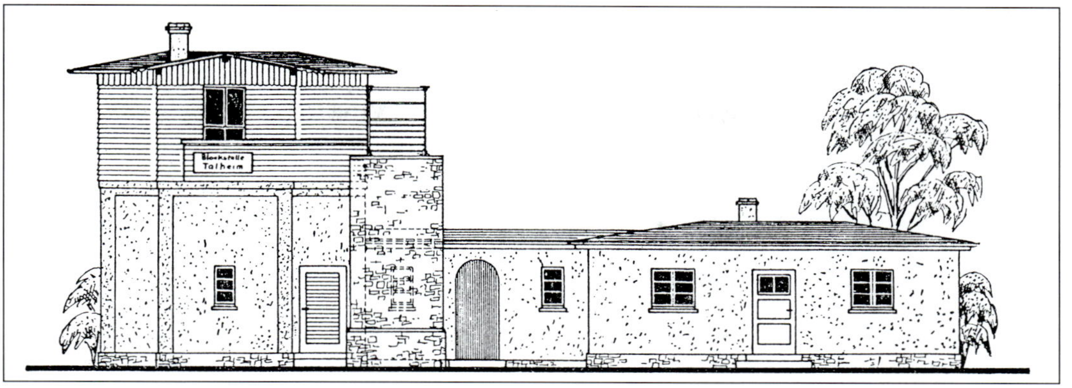

Heute besteht die Senftenberger Anlage aus insgesamt 12 Segmenten, die sich bei unterschiedlicher Breite (je nach Motiv 0,60 m/0,80 m/1,20 m) über eine Gesamtlänge von 16,40 m erstreckt. Bedingung für alle Planungen war, daß nach sieben Metern eine Ecke kommen mußte, weil sonst der Platz im Stadtmuseum Senftenberg nicht reicht. Hier stellt der Klub regelmäßig aus. Und so entstand die Standard-Eckanlage von 11,20 m x 5,20 m, die trotzdem so variabel ist, daß sie in Räumlichkeiten mit unterschiedlichen Abmessungen aufgebaut werden kann.

Das Gleismaterial stammt ausschließlich von Tillig (Pilz). Nach vielen unbefriedigenden Versuchen mit den verschiedensten Weichenantrieben entdeckte ein Klubmitglied einen Antrieb, der aus einem langsam laufenden Elektromotor besteht, am Ende des Stellweges stehen bleibt und auch unter Strom kaum warm wird. Die Senftenberger hatten den Feather-Weichenantrieb entdeckt.
An Fahrzeugen wird alles eingesetzt, was in dem großen Zeitraum der Epoche III gefahren ist. Allerdings beschränkt man sich dabei nur auf die Traktionsarten Dampf und Diesel, da

Modelltechnische Daten

Nenngröße: TT

Abmessungen: Länge: 11,20 m + 5,20 m = 16,20 m als rechter Winkel. Breite: 0,60 m, 0,80 m und 1,20 m je nach Segmentstück

Bauweise: Offene Rahmenbauweise mit Geländespanten aus Sperrholz

Geländerelief: Drahtgitterflächen beklebt mit Papierschnipseln und Überzug aus eingefärbtem Gips

Geländegestaltung: Grasmatten, stark eingefärbt und bearbeitet. Neben handelsüblichen Gestaltungselementen viele Eigenbauten aus Naturmaterialien und Gips

Burg- und Ruinengestaltung: Verwendung selbstgestalteter und gravierter Gipsplatten

Gleise: Pilz-TT-Flexgleis und Weichen von Pilz und Krüger

Weichenantriebe: Roco, Bemo, vorwiegend motorische Antriebe von Tillig. Eigenbauten. Versuche mit Feather-Antrieb

Betriebskonzept: Eingleisige Hauptbahn im Mittelgebirge. Epoche III ohne Elektrifizierung

Betriebsmittel: Vorwiegend Ezeugnisse der Firmen Berliner TT-Bahnen, Tillig und JATT

die Anlage nicht elektrifiziert ist. Neben einer großen Anzahl von Industriemodellen sind dabei auch einzelne Eigenbauten zu sehen. Mit dem Selbstbau von Triebfahrzeugen beschäftigen sich noch wenige, doch die Zahl der selbst- oder umgebauten Wagen nimmt ständig zu.

Stimmung und Betrieb

Zwölf Millimeter Spurweite sind nicht viel. Der kleine Finger reicht aus, die Gleise zu verdecken. Es muß also mehr als nur die kleine Spur sein, was die Zuschauer manchmal ungewöhnlich lange an der Anlage verweilen läßt. Es sind die kleinen oft unscheinbaren Details, die jedes Anlagenteil aufzuweisen hat. Und hier hat der etwas spärliche Eisenbahnbetrieb auf der Anlage einen positiven Aspekt. Wenn der Personenzug vor den Augen der Betrachter im Tunnel verschwunden ist, bleibt viel Zeit, Landschaft und Figurenszenen ohne Ablenkung anzuschauen. Erst nach einigen Minuten erscheint dann der Bauzug mit dem Eisenbahndrehkran, ein willkommenes Signal, dem nächsten Anlagenteil zuzusteuern. Dabei sind die einzelnen Szenen nicht überladen, sondern wirken authentisch und lassen Raum, die dargestellten Geschichten »weiterzuspinnen«. Die Phantasie der Zuschauer ist gefragt. Und wenn das Ende der Anlage erreicht ist, kann der »Streckengang« getrost noch einmal von vorn begonnen werden. Man kann immer etwas Neues entdecken.

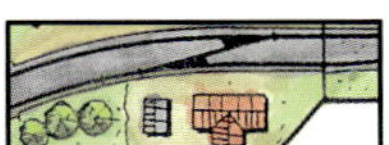

»Ist das alles, was du an Frühkartoffeln abzugeben hast, Otto?« »Alles. Ein paar Zentner brauche ich schließlich für mich und ansonsten war die Kartoffelernte in diesem Jahr nicht gut.« Mischt sich der »Sackabnehmer« auf der Pritsche des LO-1800 ein: »Hör doch auf, Otto! Ihr Bauern habt doch ständig etwas zu jammern. Dabei hast du dir schon wieder ein neues Schieferdach legen lassen.«

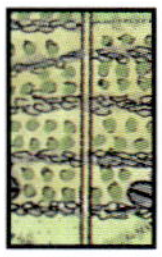

»Kommt mal her, ihr beiden! Die Lore ist schon wieder aus den Schienen gesprungen.« »Paul, ich habe dir schon so oft gesagt: Das liegt nicht an der Lore sondern an deinen Gleisen. Du mußt Laschen an den Schienenstegen anbringen und die Höhenlage richten.« »Höhenlage richten, Höhenlage richten« äfft Paul nach. »Als ob ich hier mit 120 Sachen über den Hang rase. - Laß deine Modelleisenbahnweisheiten und hilf mir lieber.«

»Der Traktor bringt mich noch ins Grab! Ist es zu warm, springt er nicht an, ist es zu kalt, springt er überhaupt nicht an. Ich glaub ich muß mir doch einen neuen kaufen.«

»So, jetzt wird sich aber Bauer Borchert gleich ärgern, wenn ich mit meinem neuen Universal-Schlepper an seinem Hof vorbeifahre. Der bastelt doch schon seit Tagen an seinem alten Lanz-Bulldog herum.«

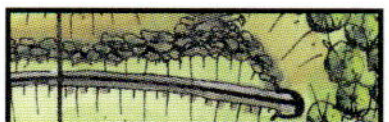

»So ein Quatsch, den Wismarer Schienenbus Schweineschnäuzchen zu nennen. Schließlich hat ein Schwein nur am Kopf einen Rüssel, der Bus aber hat vorn und hinten einen.« »Na, könntest du dir einen Schienenbus mit einem Ringelschwänzchen vorstellen? So etwas nennt man eben Symbolik des Schienenstrangs.«

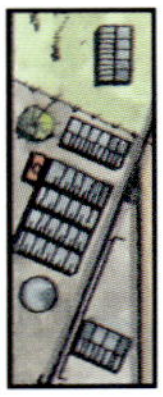

»Otto, hast du alles richtig verzurrt und gesichert? »Nö, wir versuchen's erst mal so. Vielleicht merkt der neue Lademeister nichts.«

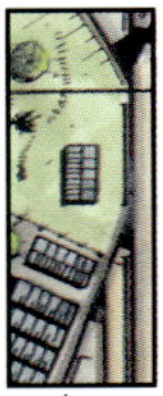

»Und wo sind die Frachtpapiere dieser Fuhre?« »Wieso Frachtpapiere? Steht doch alles im Zettelkasten.« »Dann mache ich sie darauf aufmerksam, daß die Fracht nicht ordnungsgemäß gesichert ist. Die große Kiste zum Beispiel muß mit Draht verrödelt und mit Holzkeilen gesichert werden. So kann ich sie nicht abnehmen.« »Otto, mach das Tor wieder auf. Wir fahren zurück!«

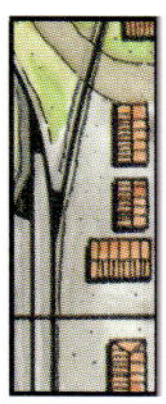

»Ich frage mich bloß, wann der Modellbahnklub endlich das zweite Gleis legen will! Seit zehn Minuten warte ich hier schon auf den Gegenzug, und dann kommt der auch noch um die Ecke geschlichen, als ob wir den ganzen Tag Zeit hätten. Die sollten die alte T 3 endlich auf den Schrott werfen. Was ruft die Aufsicht? Ich soll endlich fahren? - Ja doch, ja doch! Alter Mann ist doch kein D-Zug!«

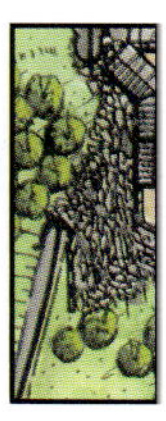

Das hätten sich die alten Raubritter vor 500 Jahren nicht träumen lassen, daß unter ihrer Burg einmal eine Eisenbahnstrecke hindurchführen würde. Obwohl sie der Tunnelbau sicherlich sehr interessiert hätte. Fluchtwege kann man nie genug haben.

»Bim...bim...« läutet hell das Armesünder-Glöckchen vom Turm, als sich der Trauerzug in Bewegung setzt. »Ach unsere arme Oma«, schluchzt Enkelin Claudia. Doch Pfarrer Jacobson tröstet sie: »Wieso arm? Bei fünf Kindern und elf Enkeln ist man nicht arm. Und mit 89 Jahren hat sie ein erfülltes Leben gehabt.«

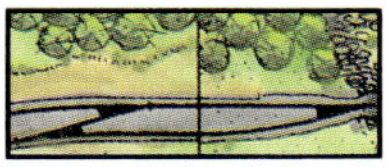

»Meine Güte, ist das eine langweilige Ecke hier. Selbst in dem alten Haus am Senftenberg spukt es schon lange nicht mehr.«

»Was trinken Sie denn hier?« »Och Herr Wachtmeester, ick jenieße Senftenberger Zisch, und mein Trabbi, der schluckt Jemisch.« »Gut gereimt Bürger, geben sie mir mal bitte ihre Autoschlüssel.«

Im Tal der Roten Weißeritz

Das Erlebnis

Für den Bau dieser Segmentanlage nach sächsischen Schmalspurmotiven war ein Schlüsselerlebnis des Heinrich Baumberg ausschlaggebend: Eine Fahrt auf der Schmalspurstrecke von Hainsberg bei Dresden nach Kipsdorf im Osterzgebirge, die der damals 18jährige anfangs der 50er Jahre mit seinem Onkel unternahm. Beide hatten starke Bindungen zur Eisenbahn. Wilhelm Baumberg, bei der Deutschen Reichsbahn in gehobener Stellung im Betriebsmaschinendienst tätig, hatte es schon frühzeitig verstanden, die Aufmerksamkeit seines technisch interessierten Neffen auf die Eisenbahn zu lenken. Und ein Ausflug mit seinem Onkel war für den Oberschüler stets mit neuen Entdeckungen in der Welt der Technik verbunden. So begann die Reise auch nicht erst beim Einsteigen auf dem Bahnsteig von Freital-Hainsberg, sondern bereits mit der Besichtigung des Schmalspur-Betriebswerkes und der umfangreichen schmal- und gemischtspurigen Gleisanlagen zwischen Freital-Potschappel und dem Startpunkt Hainsberg. Wilhelm Baumberg war hier kein Unbekannter. Die Angestellten und Arbeiter begegneten ihm mit Respekt und Hochachtung, und sein Neffe war stolz, neben ihm über die Gleise steigen zu dürfen. »Die an diesem Tag geplante Wanderung nach Altenberg und auf den Kahleberg absolvierte ich eifrig und ungeduldig, weil ich mich den ganzen Tag schon auf die Rückfahrt mit der Schmalspurbahn freute,« erinnert sich der heute 64jährige Heinrich Baumberg. Es dauerte noch einige Jahrzehnte, bis dieses Jugenderlebnis Auslöser für den Bau einer kleinen

Modellbahnanlage wurde. Die zwischen diesen Ereignissen liegenden rund 40 Jahre waren angefüllt mit Erlebnissen, wie sie von vielen Modelleisenbahnern nachvollzogen werden können. Da waren das spärliche Schienenoval auf dem Küchentisch, die Bastelnische neben dem Besenschrank und die erste elektronische Blockschaltung, die auch nach zehn Minuten noch funktionierte. Mit der Zeit wuchs der Fahrzeugpark, auch wenn für manches Modell lange gespart werden mußte. Es gab aber auch Fehlschläge. Zum Beispiel die Klappanlage, die zu wacklig oder die Platte, die fertiggestellt so schwer war, daß sie nur von zwei Männern bewegt werden konnte und deshalb der Hausfrau bei ihrem Tun ständig im Wege stand. Doch stets spielten die sächsischen Bahnen – und hier besonders die Schmalspurbahnen – eine wichtige Rolle in der Gedankenwelt von Heinrich Baumberg. Sicher hatte nicht zuletzt der Ausflug mit seinem Onkel daran einen entscheidenden Anteil. Während seines Studiums im Dresden der 50er Jahre nutze er jede freie Minute, um sich noch intensiver mit seiner Lieblingsstrecke im Rabenauer Grund zu befassen.

Die Anlage

Ausschlaggebend für die Wahl des Bahnhofs Seifersdorf als erstes Segment einer geplanten Modulanlage war die Nähe der Roten Weißeritz und des Steinbogenviadukts über dieses Flüßchen unmittelbar an der Bahnhofsausfahrt in Richtung Hainsberg. Ein Modell dieser Brücke reizte Baumberg schon von Berufs wegen und die Nachbildung des quirlenden Wassers war für den Modellbauer eine Herausforderung. Damit neben den drei Gleisen (Situation in den 50er Jahren), der Ladestraße und dem Viadukt auch noch ein wenig von der wildromantischen Landschaft des Weißeritztales dargestellt werden konnte, wurde die Bahnhofsgröße in der Nenngröße H0e auf 2,60 m Länge und 0,60 m Breite festgelegt.

Weil das Holz unmittelbar vor der Haustür wuchs, legte die Königlich Sächsische Eisenbahnverwaltung fest, daß alle Bahngebäude vorwiegend aus diesem Material zu errichten waren. Max Dreilich, ehemaliger Zimmermann und heute Rentner, erinnert sich noch an die Schinderei, wenn er die auf die Bretterfugen aufgenagelten Leisten grau streichen mußte. »Da durfte keen Tröpfchen deneben geh´n,« erinnert er sich »sonst mußteste alles noch mal neu streichen!«

Eine Entscheidung, die eine Trennung in zwei gleich große Segmente von 1,30 x 0,60 m notwendig machte. Damit dennoch ein Anschluß an weitere Module nach NEM-Normen möglich ist, wurden an den äußeren Stirnseiten zwei 0,40 m lange Übergangsstücke geplant.
Der Anlagenbau wurde in drei Schwerpunkt-Abschnitte gegliedert: Die Herstellung der Gebäude, die Darstellung des Flusses mit dem Viadukt und die Errichtung der Felswand als nordöstlicher Abschluß der Segmente.
Die Gebäude wurden vor Ort vermessen und korrekt in den Maßstab 1:87 übertragen und gebaut. Als Material für die charakteristische Holzbauweise bewährten sich Profilplatten aus Weichholz. Wegen der Gefahr des Verziehens wurden sie auf stabile Lederpappe geklebt. Die Dächer sind abnehmbar, so daß die Beleuchtung zugänglich ist. Später will Heinrich Baumberg sogar noch eine Inneneinrichtung einsetzen.
Den Viadukt maßstäblich zu bauen, war aus Platzgründen nicht möglich. Deshalb mußte eine verkürzte Lösung gesucht werden. Durch mehrere Versuche mit Rohmodellen aus Karton wurde eine Variante gefunden, bei der die Proportionen trotz Verkürzung stimmig sind. Es entstand ein Modell, das in der Länge einen Maßstab von 1:100 und in der Höhe von 1:150 aufweist. Der Grundkörper besteht aus verzugsfreier Architekturpappe (2 mm), die mit Strukturplatten aus Schaumstoff beklebt wurde. Für die Nachbildung des Flusses wurde Polyesterharz verwendet. Dieses härtet im Gegensatz zu Epoxidharz etwas uneben aus, was aber der Darstellung eines reißenden Baches sehr entgegenkommt. Vor dem Gießen wurde das etwa 40 mm tiefe Flußbett mit Steinen und grobem Sand gestaltet. Zum Schluß entstand mit spitzem Pinsel und weißer Acrylfarbe vorbildgetreu wirkender Gischt an der Unterstromseite der Felsen.

Modelltechnische Daten

Nenngröße: H0e

Abmessungen: 2,60 m x 0,60 m, geteilt in zwei 1,30 m lange Segmente

Bauweise: Offene Rahmenbauweise, Rahmenwangen 12 mm dick, Aussteifungsrippen 8 mm dick

Geländerelief: Styrodur in Höhenschichten übereinandergeklebt, Geländehaut aus Papierschnipseln und Gips

Geländegestaltung: Grasmatten, Bewuchs aus Heki- und Woodland-Material
Flußgestaltung aus Zweikomponenten-Alkydharz

Gleise: Roco-H0e-Flexgleise und -Weichen

Weichenantriebe: Roco-Unterflurantriebe

Betriebskonzept: Durchgangsbahnhof mit zwei Hauptgleisen und einem Nebengleis an einer eingleisigen Strecke. Transport von regelspurigen Güterwagen auf Rollwagen

Betriebsmittel: Dampflokomotiven und Wagen der Epoche III

Die Felswand an der nordöstlichen Bahnhofsseite ist ein Phantasieprodukt, bei dem das Vorbild nur eine grobe Orientierungshilfe war. Da Heinrich Baumberg noch keine ausreichenden Erfahrungen in der Darstellung von Felsen aus Gips besaß, wurde eine fertige Geländeplatte aus Pur-Schaumstoff als »Grundhang« aufgestellt, an die weitere Felspartien aus Gips modelliert wurden. Am Fuße der Felswand liegendes Geröll wurde aus echten Steinen nachgebildet.

Stimmung und Betrieb

Aufgrund der vielen landschaftlichen Details und der guten Modellgestaltung, vor allem der typischen Gebäude, gibt es für den Betrachter viel zu entdecken. Dieser Eindruck wird noch durch die überlegte Aufstellung der Figuren unterstützt. Heinrich Baumberg legt viel Wert darauf, alle Figuren im Zusammenhang mit kleinen, nachvollziehbaren Geschichten zu plazieren: Der Reisende, der den Fahrplan studiert, der Pferdegespannführer, der sich mit einem Lagerarbeiter am Güterschuppen unterhält oder die Gleisbauarbeiter, die den Abriß von Gleis 3 vorbereiten. Stets stehen Personen in Beziehungen zueinander oder zu den Dingen auf der Anlage. Der Betrachter kann seiner Phantasie freien Lauf lassen und sich selbst Geschichten und Episoden ausdenken. Die Modellbahn wird »lebendig«.

Der Eisenbahnbetrieb auf einer solchen Anlage ist unkompliziert und leicht zu handhaben. Es gibt deshalb ausreichend Gelegenheit, die Fahrzeugbewegungen in Ruhe zu beobachten. Dazu gehören langsames Rangieren, zuverlässiges und weiches Kuppeln und Entkuppeln sowie sanftes Anfahren und Bremsen. Elektronisch erzeugte Geräusche, wie das Säuseln der Luftpumpen oder der kräftige Auspuffschlag der am Berg anfahrenden Lokomotive beleben das Geschehen auf der Anlage. Betrieblicher Höhepunkt am Bahnhof Seifersdorf ist die Begegnung von zwei Personenzügen auf den Gleisen 1 und 2. Die Lokführer berichten über Beobachtungen auf der Strecke, der Schaffner schimpft über eine defekte Heizung im letzten Wagen, und die Reisenden schauen, ob sie im gegenüberstehenden Zug vielleicht ein bekanntes Gesicht entdecken.

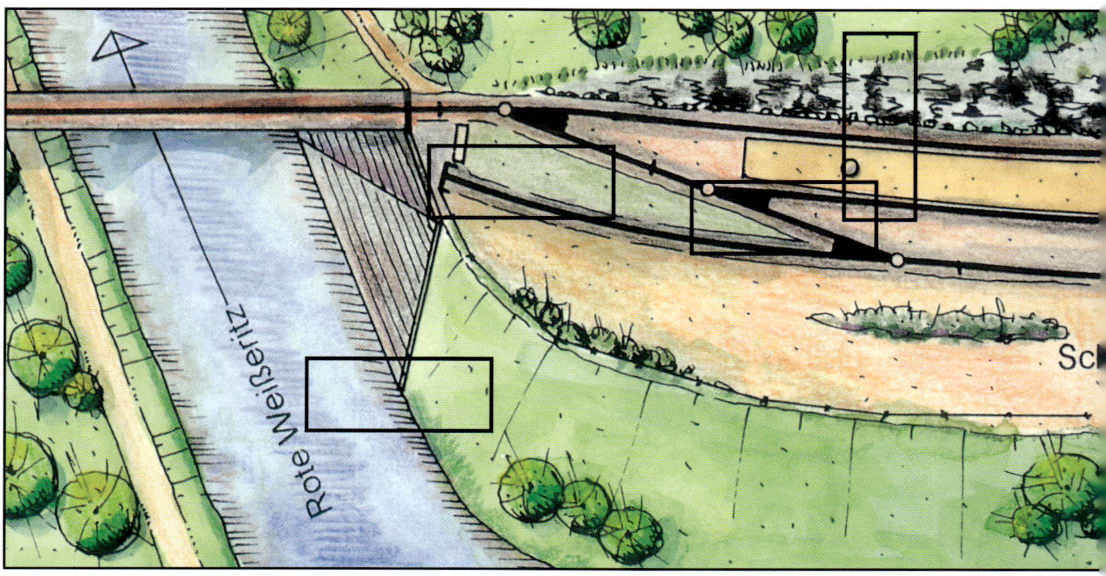

Da die Weißeritz aus dem Gebirge kommt und sehr klares Wasser führt, ist sie sehr fischreich. Vor allem Forellen tummeln sich in Schwärmen unter dem Steinbogenviadukt. Das wiederum zieht besonders am Wochenende viele Angler ans Ufer, die hier ihr Petriglück versuchen. Die Pfiffigsten (und Geschicktesten) unter ihnen erklimmen sogar die Zinnen der Stützmauern auf der Bahnhofsseite und werfen von dort ihre Ruten aus. Der Bürgermeister hat seinen eigenen Kahn, den er jedoch erst dann besteigt, wenn er von allen Konkurrenten die Angelscheine kontrolliert hat. Gelernt ist eben gelernt.

»Mir brauchen noch drei Schienentragezangen« diskutiert wie immer Maiers Hans mit dem Vorarbeiter, um den Arbeitsbeginn noch etwas herauszuzögern. »Die liegen in Freital« kontert dieser aber. Und während die beiden noch heftig miteinander streiten, haben die anderen die Notwendigkeit der Planerfüllung bereits »eingesehen« und das Werkzeug aus der Gerätekiste geholt.

» `S wird wohl en Gewitter gäbn«, philosophiert Großvater Seiffert mit dem Lokführer über das Wetter. »Hm« meint der »Schwarze« auf der Maschine. »Ich häng bloß noch den leeren Wagen an den nächsten Zug nach Freital, dann fahr´ ich auch nach Dipps«. Enkel Oskar steht mit offenem Mund daneben und kann den Blick nicht von der leise säuselnden Luftpumpe wenden. »Und wenn es Schusterjungen regnet« sinniert er, »ich gehe hier nicht weg.« (»Dipps« ist die landläufige Abkürzung von Dippoldiswalde).

Ein starkes Stück! Selbst nach Einfahrt des Zuges aus Kipsdorf hören die Bengel auf dem Wiesenhang über der Felswand nicht auf, mit Steinen zu werfen. Bahnhofsvorsteher Seifert und Zugführer Steinmetz sind wütend. Wurde doch erst letzte Woche bei dieser Lok das Läutewerk erneuert, und Steinmetz selbst hat höchstpersönlich die Glocke geputzt. Aber alles Schimpfen und Drohen hilft nichts. Der Zug muß pünktlich abfahren – keiner hat Zeit, die Buben von ihrer sicheren Bastion herunterzuholen. Früher hätte es das nicht gegeben.

»Nanu, Jörg, dein Traktor ist wohl kaputt, daß du hier das Holz heute mit den Pferden bringst.« »Nee, nee mein Oberförster hat gesagt, die Gäule sind ökologischer.« »Wieder so'ne neumod'sche Bezeichnung für eine alte Weisheit«, murmelt Max Dreilich.

Wie »eng« die Figuren auf Baumbergs Anlage agieren, zeigt dieses Bild. »Hast du mich auch wirklich lieb«, fragt sie und »wirst du mich auch nicht vergessen« will er wissen. Zwischen Güterschuppen und Speicher der BHG sucht dieses Pärchen einen verschwiegenen Winkel, um ungestört voneinander Abschied zu nehmen. Eine Szene, die Seifersdorf mit allen Bahnhöfen dieser Welt gemeinsam hat.

Schorschi, der schönste Bierfahrer der Region, hatte die langweiligen Haflinger gegen eine »flotte Dreikantfeile« getauscht, deren Zweitaktmotor er zu heulenden Tourenzahlen trieb. Bei einer Imponierfahrt vor Richters Susi, die mit dem Fahrrad vom Bahnhof kam, passierte, was schon lange fällig war: Ein scherbenreicher Unfall. Das ganze Dorf hat gefeixt, denn wer den Schaden hat ...

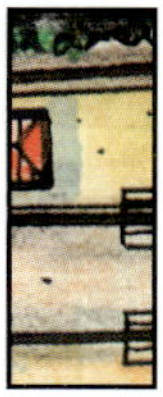

»Und schreib gleich, wenn Du im Internat angekommen bist!« »Ja, ja Mutter« murmelt´s vom Perron des letzten Wagens, doch sehr überzeugend klingt es nicht. Für Mutter Hilde ist die Fahrt ihres Sohnes in die Großstadt Dresden eine »Weltreise«, doch der hat den letzten Wagen nur gewählt, weil in ihm Bäckers Lieschen bis nach Hainsberg mitfährt. Und die Eltern winken und winken ...

Jöhstädter Allerlei

Das Erlebnis

Manfred Kühl ist ein Perfektionist. Es genügt ihm nicht, daß auf seinen Modellbahn-Modulen die Fahrzeuge einfach nur fahren, sie müssen auch absolut sicher und zuverlässig verkehren. Wichtig sind ihm z. B. ein ruckfreies Ankuppeln der Lokomotiven an die Wagen, ein sanftes Anfahren der Züge und vorbildgetreu geringe Geschwindigkeiten, die eine genüßliche Betrachtung der sich bewegenden Stangen eines Allan-Triebwerkes an der Modellok möglich machen. Und es genügt ihm auch nicht, daß auf seinen Anlagenteilen irgendwelche Gebäude stehen und beliebige Fahrzeuge verkehren. Es müssen schon authentische Nachbildungen sein, und zwar aus seiner Lieblingsregion, der sächsischen Schmalspurstrecke zwischen Wolkenstein und Jöhstadt im vogtländischen Westerzgebirge. So gibt es unter anderem den urigen Wasserkran, der nach sächsischer Bauart unmittelbar am Stellwerk angebracht ist, nur noch dreimal: In Steinbach (Strecke Wolkenstein–Jöhstadt), in Oybin (Zittauer Gebirge) und – eben auf der Anlage des Manfred Kühl.

Dabei begann die Modellbahnerkarriere des heute 47jährigen Monteurs so, wie bei vielen seiner Kollegen der Eisenbahnzunft en miniature: Als kleiner Junge an einer H0-Anlage mit Piko-Material. Doch die Kühls – Vater Alfred und drei Söhne – hatten gegenüber den meisten in dieser Zeit einen großen Vorteil, sie bewohnten in Dresden eine riesige Altbauwohnung. An Platz mangelte es also nicht, und so konnte sich die Modellbahnanlage ungehindert in Länge und Breite ausdehnen. Doch dieser Vorteil sollte sich eines Tages als Handicap erweisen. Als Manfred Kühl heiratete und sein Hobby in einer 2-Zimmer-Altbau-

wohnung fortsetzen wollte, stieß er schnell an die Grenzen die ihm die Architekten gesetzt hatten. Also wechselte er zu einer kleineren Nenngröße – und das sehr radikal – auf Piko-N. Das war eine besondere Herausforderung, denn die Produkte aus Sonneberg litten noch an einer Vielzahl von Kinderkrankheiten. Und so ganz vergessen konnte Manfred Kühl seine Lieblings-Nenngröße H0 nie. Schließlich brachte ihn ein Besuch der Schmalspurstrecke Dresden-Radebeul–Radeburg anläßlich des 100jährigen Bestehens des »Lößnitzdackels« auf die rettende Idee: Eine H0-Modellbahn auf N-Gleisen (also H0e)!
So begann die dritte Phase des Modelleisenbahners Manfred Kühl mit dem Umbau eines Piko-VT 137 (»schmaler und kürzer«) auf eine Spurweite von 9 mm. Basteln kann er alles, was ihn interessiert. Und wenn die Finanzmittel für den Kauf eines bestimmten Wunschmodells nicht reichen, hilft nur sparen. So spart er bereits seit vier Jahren auf ein Modell einer IVK-Lokomotive. Irgendwann wird das notwendige Geld im Sparschwein sein. Bis dahin sind aber bereits wieder einige Module fertiggestellt, die dann von der neuen Lok in aller Form eingeweiht werden.

Die Anlage

Modulrahmen müssen stabil sein. Diese Weisheit kennt natürlich auch Manfred Kühl. Nicht zuletzt von einem Ereignis aus den Anfangstagen seiner Modul-Arbeit, als er ausgerechnet eines seiner schönsten Module nach einem unsachgemäßen Transport nur noch in Einzelteilen aus dem Auto nehmen konnte. Seitdem achtet er auf besondere Solidität, damit die aufwendige Landschaftsgestaltung und die wertvollen Gebäudemodelle nicht Schaden nehmen. Deshalb sind die Kopfstücke mit Hilfe einer Schablone aus 12 mm dicken Tischlerplatten geschnitten. Die Form dieser Verbindungsteile entspricht dem der Arbeitsgemeinschaft Schmalspurbahnen (AG-S). Das besondere an den Kühlschen Modulen ist, daß diese Profile nicht nur an den Stirnflächen der Kastenrahmen zu finden sind, sondern auch an deren Seitenwänden. So ist es möglich, die Module auch »um die Ecke herum« zu verbinden. Die Bandbreite der Variationsmöglichkeiten ist dadurch enorm groß. Zwar befinden sich noch viele Module im Rohbau, doch gleis- und elektrotechnisch sind sie voll funktions-

Perfektion bis ins Detail. Auch bei abgenommenem Dach ist die saubere Gestaltung des einständigen Lokschuppenanbaus zu erkennen.

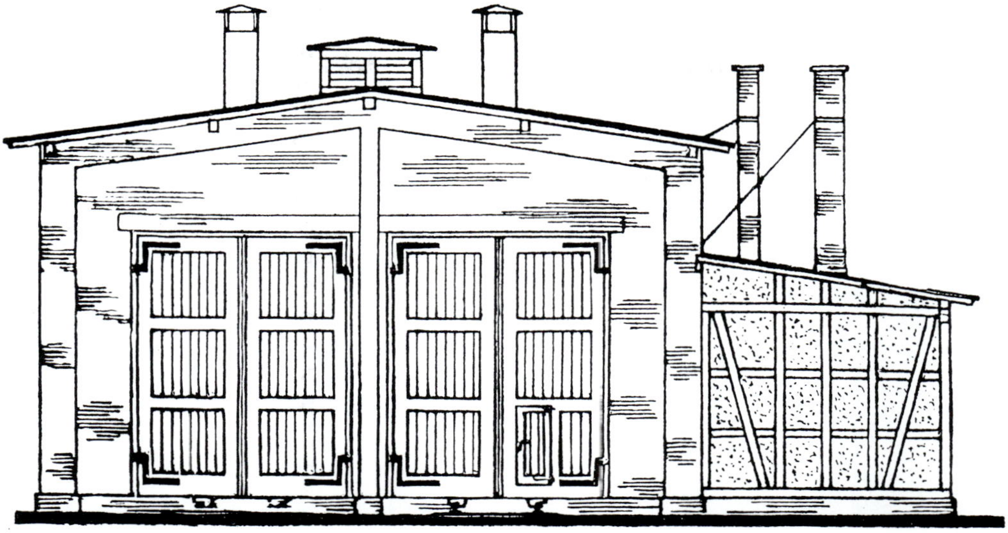

Modelltechnische Daten

Nenngröße: H0e

Abmessungen: ein Modul 500 mm x 500 mm, drei Module 700 mm x 500 mm, 14 Module 1200 mm x 500 mm

Bauweise: Rahmenbauweise mit Wangen aus 12 mm dicken Tischlerplatten. Besonderheit: Anschlußflächen sind nicht nur an den Stirnflächen, sondern auch an den Flanken der Kästen zu finden. Aussteifungsrippen (gleichzeitig Geländerippen) aus 9 mm dickem Sperrholz

Geländerelief: Feinmaschiges Aluminium-Drahtgeflecht mit einem Überzug aus Papierschnipseln und Spachtelmasse. Trassenbretter aus 8 mm dickem Sperrholz

Geländegestaltung: Grasmatten stark verändert, Flora aus Naturmaterialien unter Verwendung von Flocken und Streumaterialien von Heki und Woodland Scenics

Gleise: Für die freie Strecke vorwiegend Roco-Flexgleis, Weichen von Bemo. Alle Gleise auf Korkbettungen und eingeschottert

Weichenantriebe: Nur eine Weiche wird elektrisch angetrieben (umgebauter Bemo-Antrieb). Alle anderen Weichen werden manuell (Zugstange mit Raste) betätigt.

Betriebskonzept: Typisch ländlich-gemütlicher Schmalspurbetrieb in Sachsen. Züge als PmG (Personenzug mit Güterbeförderung), Zugkreuzung in den Betriebsstellen, sonst eingleisiger Betrieb

Betriebsmittel: Ausschließlich Modelle von Dampflokomotiven, die auf der Strecke Wolkenstein–Jöhstadt gefahren sind. Wagen von technomodell. Loks sind Umbauten auf Arnold-Fahrgestellen

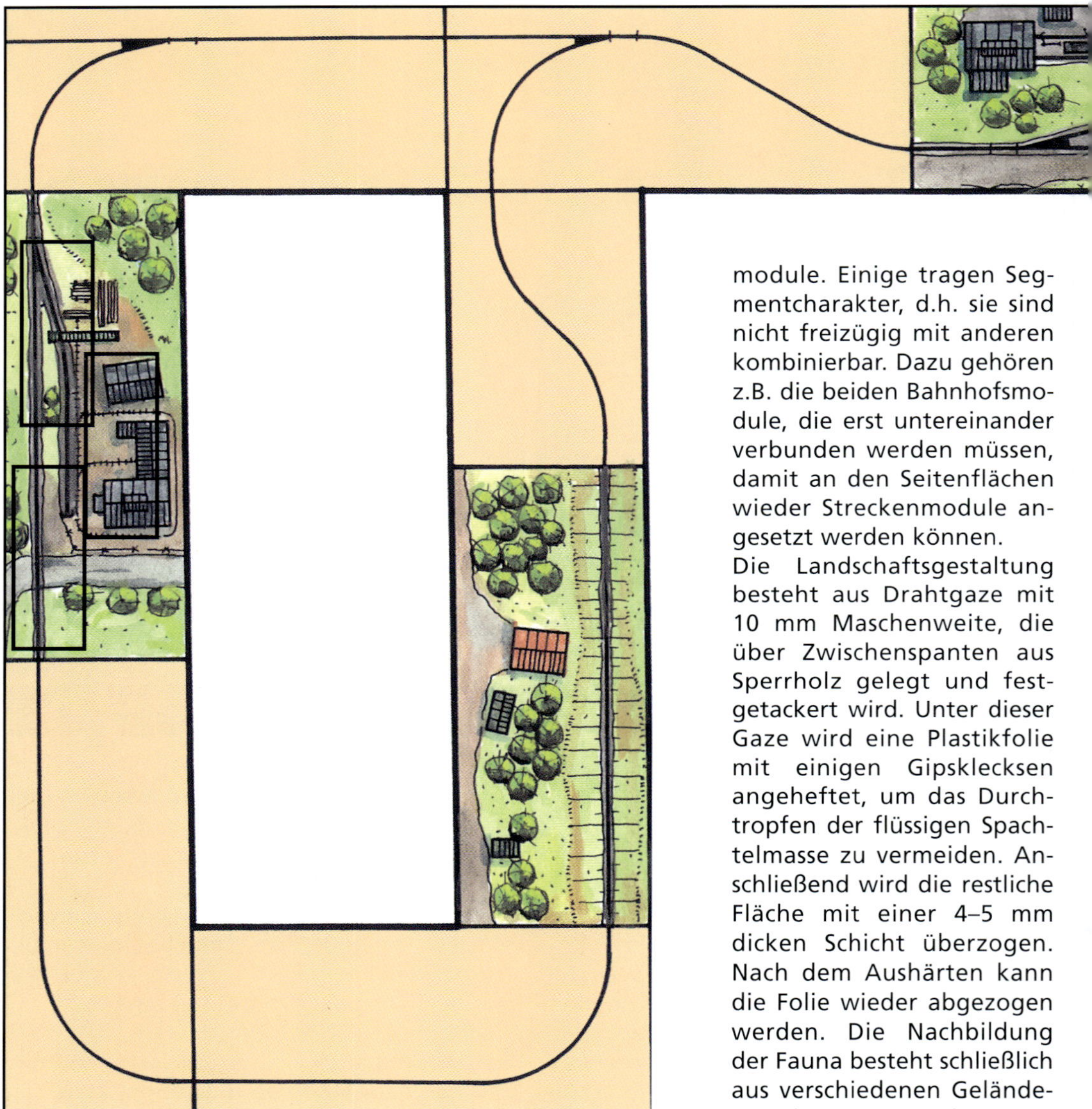

module. Einige tragen Segmentcharakter, d.h. sie sind nicht freizügig mit anderen kombinierbar. Dazu gehören z.B. die beiden Bahnhofsmodule, die erst untereinander verbunden werden müssen, damit an den Seitenflächen wieder Streckenmodule angesetzt werden können.
Die Landschaftsgestaltung besteht aus Drahtgaze mit 10 mm Maschenweite, die über Zwischenspanten aus Sperrholz gelegt und festgetackert wird. Unter dieser Gaze wird eine Plastikfolie mit einigen Gipsklecksen angeheftet, um das Durchtropfen der flüssigen Spachtelmasse zu vermeiden. Anschließend wird die restliche Fläche mit einer 4–5 mm dicken Schicht überzogen. Nach dem Aushärten kann die Folie wieder abgezogen werden. Die Nachbildung der Fauna besteht schließlich aus verschiedenen Geländegestaltungsmaterialien, wobei das von Woodland Scenics von Manfred Kühl mit

fähig, so daß Manfred Kühl bei Ausstellungen stets in der Lage ist, eine geschlossene Streckenführung aufzubauen.
Die Module haben drei verschiedene Abmessungen: 1200 mm, 700 mm und 500 mm lang, bei einer einheitlichen Breite von 500 mm. Gestaltungsmäßig unterscheidet er in Streckenmodule (mit und ohne Weiche), Eck- oder Bogenmodule, Gleiswechselmodule (Gegenbogen) und Bahnhofs- bzw. Betriebs-

Vorliebe verwendet wird. Und bei der hervorragenden Qualität und verblüffenden Wirkung auf der Anlage ist er auch bereit, wieder einige Zeit Geld für Material zu sparen. Alle Gebäude bestehen, soweit sie nicht völlig selbst gebaut wurden, aus Bausätzen, wobei jedoch nur deren Grundbauteile verwendet wurden. Alle weiteren Gestaltungselemente wie Türen, Fenster, Simse und Erker wurden selbst gebastelt.

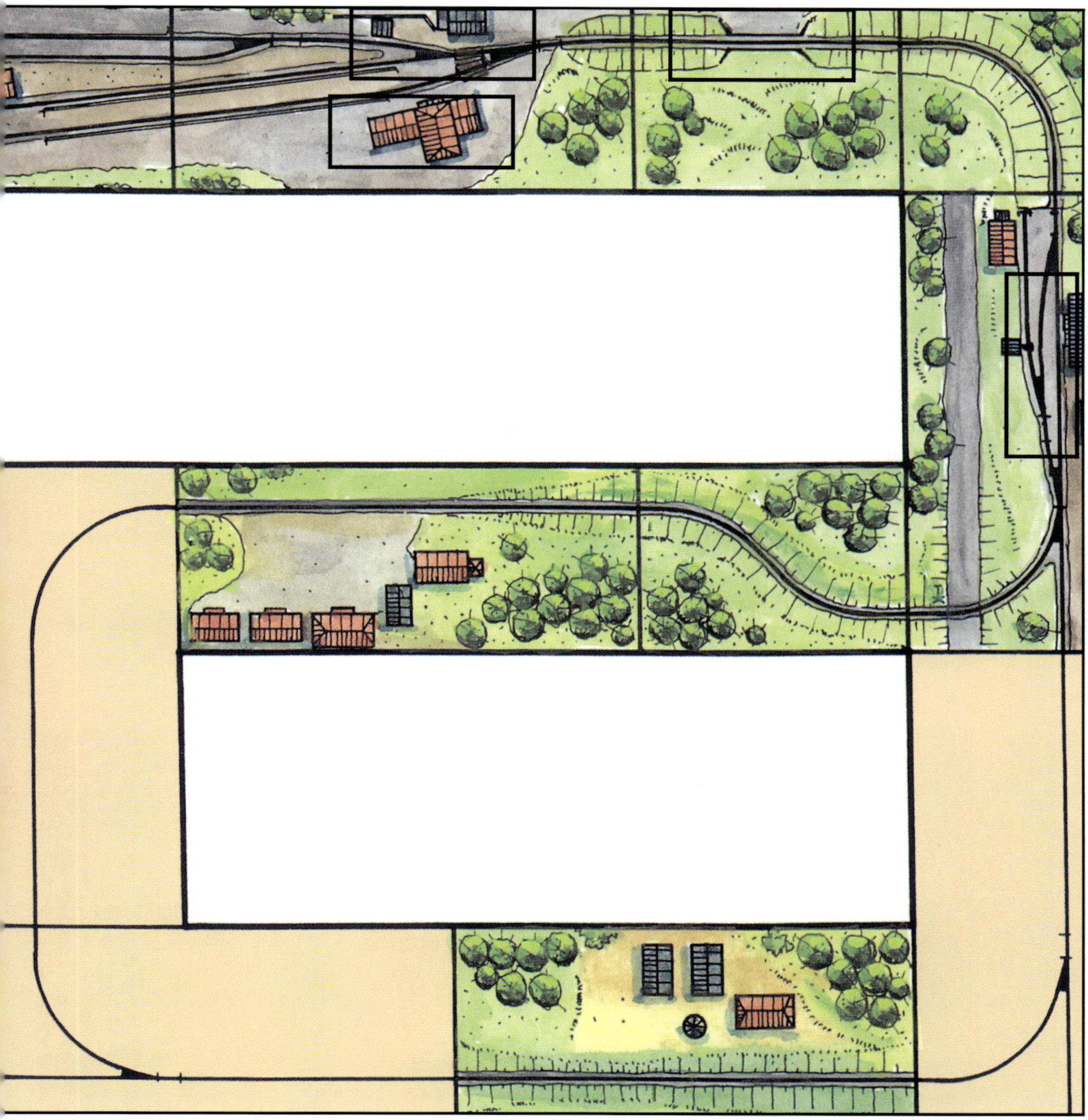

Stimmung und Betrieb

Weil alles so sächsisch »ländlich sittlich« gestaltet wurde, müssen höchste Ansprüche an die Betriebssicherheit gestellt werden. Je einfacher der Betrieb beim Vorbild ist, um so sicherer müssen die kleinen zweiachsigen Modell-Lokomotiven auch bei geringster Geschwindigkeit rollen. Ist die Gleislage nicht exakt, gibt es elektrische Kontaktprobleme oder gar Entgleisungen. Eine akribisch genaue Bauweise ist die Folge. Und das wirkt sich nicht nur auf den Gleisbau sondern auch auf den Gebäudebau aus. So wurde jedes Haus, welches dem Vorbild exakt nachgestaltet wurde, an Ort und Stelle fotografiert und vermessen. Über 5000 Fotos – gut archiviert und sauber geordnet – nennt Manfred Kühl inzwischen sein eigen. Eine Quelle, von der

sich trefflich gute Modelle nachbilden lassen. Und das Ergebnis ist überzeugend. Es macht zum Beispiel große Freude, mit den Augen auf dem Hof des Sägewerks spazieren zu gehen. Eine Fülle von Details bietet sich dem Betrachter, die Zeugnis vom Spaß am Gestalten kleiner Szenen und dem hintergründigem Humor des Erbauers ablegen.
Bei soviel Perfektion beim Anlagenbau ist es nur verständlich, daß auch der Betrieb, das Spielen, nach besonderen Regeln abläuft. So wird meistens nach einem Fahrplan, zumindest aber nach einer Betriebstabelle gefahren. Hier zwei Wagen an die Rampe stellen, dort einen Leerwagen abholen, Rangieren und Zugfahrten von A nach B. Das ist nicht etwa langweilige Pingeligkeit. Vielmehr entsteht so ein faszinierend echt wirkendes Abbild einer eisenbahngechichtlich interessanten und bedeutenden Zeit. Diese Disziplin beim Spielen ist für Manfred Kühl und für alle Besucher seiner kleinen Welt, sofern sie Geduld und Beobachtungsgabe mitbringen, ein Gewinn.
Träume und Pläne mit ihrer Modellbahnanlage haben alle. Das ist eigentlich auch der Sinn dieses Hobbys. Irgendein Bereich auf der Anlage soll noch verändert werden. Oder die Weichenantriebe arbeiten noch nicht zufriedenstellend. Vielleicht wurden auch neue Motive entdeckt und sollen sich in der Modellandschaft wiederfinden. So träumt auch Manfred Kühl von Veränderungen an seiner Modulanlage. Geplant ist bereits die Erweiterung auf drei Spurweiten: Neben dem bereits vorhandenen Gleis, das der 750-mm-Spur nachgebildet wurde, soll ein Abschnitt mit Normalspur entstehen, in dem die Regelspurwagen auf Rollwagen verladen werden, sowie eine kleine Feldbahn mit einer Vorbildspurweite von 600 mm. Hier soll eine Schüttrampe entstehen, über die Flußspat und andere Gesteine in aufgesattelte Normalspurwagen verladen werden.

Bis dahin ist dann sicherlich auch das Sparschwein voll.

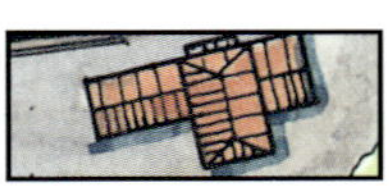

»Siehst du Jennifer, so'ne Lok hat mein Großvater auch mal gelenkt.« »Und was hat deine Oma dazu gesagt.« »Eigentlich nüscht. Nur über die dreckigen Hände vom Opa hat sie immer geschimpft.«

Meister träume nicht! Guck nach vorn, denn du hast am Bahnübergang das Pfeifsignal übersehen und läuten tust du auch nicht. Beinahe wäre der Langholz-W50 in deine Lok gefahren.

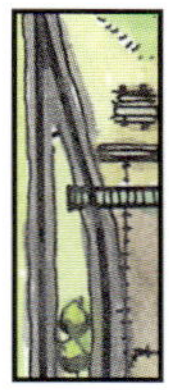

Hier sieht man deutlich, daß der Sägewerksbesitzer mit dem Oberbaudirektor der Bahngesellschaft gut befreundet ist. Nicht von ungefähr macht die Strecke einen galanten »Schlenker« um seinen Grund und Boden.

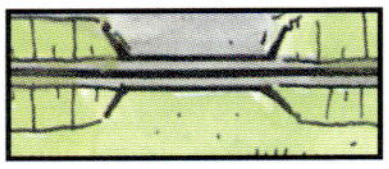

»Papa, soll ich für Mutti einen Blumenstrauß pflücken?« »Nee, laß man, daß wollte ich nachher bei der Bergfahrt selber machen. Aber für die Oma kannste een pflücken.«

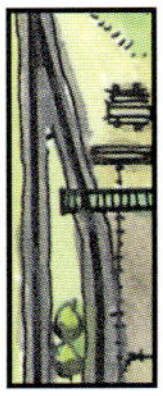

»Stellen sie sich vor Chef, da war vorhin einer da, der wollte zehn Stämme zugeschnitten haben für eine Hundehütte.« »Ja und?« »Ich hab' ihn in die Derbstangenabteilung geschickt.« »Davon habe ich schon gehört. Dort wollte er dann 100 Stangen.« »Der gute Mann weiß eben genau was er will.«

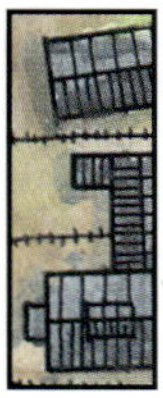

»Es will und will nicht Feierabend werden. Seit einer halben Stunde stehe ich hier und warte darauf, daß die Büromiezen das Zeichen zum Aufbruch geben. Muß doch mal sehen, ob überhaupt noch jemand da ist. - Oops, alles leer. Die sind ja schon weg!. Blöde Quarxuhr, geht schon wieder eine halbe Stunde nach.«

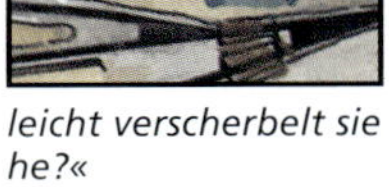

»Ich frag' mich, was Schneiders Frieda in ihrer Truhe verstaut hat. Die ist ja schwer wie Blei und soll nach Berlin geschickt werden. Vielleicht verscherbelt sie ihr Tafelsilber. Ob ich mal nachsehe?«

»Hörste wie se schlürfen tut?« »Na bald hat sie es geschafft - bis Jöhstadt ist es nicht mehr weit. Und da hat sie heute Dienstschluß.«

Ein Keller für die Modellbahn

Das Erlebnis

Mit sieben Jahren entdeckte Matthias Warneke seine Leidenschaft fürs kreative Gestalten und baute sich von der Marionettenfigur bis zur Seifenkiste alles Mögliche selber. Er wohnte damals mit seinen Eltern in Potsdam im ehemaligen Zöllnerhäuschen der Glienicker Brücke. Keinen Agentenaustausch zwischen Ost und West hat er verpaßt. Über seine kleinen Erfindungen und Basteleien haben sich sogar die Grenzsoldaten köstlich amüsiert. Sein Vater, Dozent an der Filmhochschule Babelsberg, unterstützte die phantasievollen Ambitionen seines Filius'. So war Matthias oft in den Ateliers und Werkstätten der Deutschen Film AG (DEFA) zu finden. Hier lernte er viele verschiedene Gewerke kennen, die eigentlich alle mehr oder weniger Modellbau sind: Tischler, Schlosser, Maler, Kostümbildner usw.

Tagsüber Puppentheater spielen, abends schmökern. Unter anderem Modellbahnbücher von Günter Fromm, Günter Barthel und Horst Kohlberg. Stundenlang saß er über den Büchern *Bahnhöfe auf der Modellbahn*, *Fahrbetrieb auf der Modellbahn*, *Modelle - selbst gebaut* und *Eine richtige Modellbahn soll es werden.* Es faszinierte ihn die Möglichkeit, sich mit der Modelleisenbahn seine eigene kleine Traumwelt schaffen zu können. Seine erste TT-Startpackung wuchs deshalb auch schnell zur zimmerfüllenden Teppichanlage.

Doch der richtige Schub kam vor acht Jahren: Familienzuwachs machte einen Anbau an das

Einfamilienhaus notwendig. Doch ehe der erste Ziegelstein in die Hand genommen wurde, stand es auf den Plänen bereits fest: Der Keller unter dem Anbau wird exakt auf eine H0/H0e- Anlage zugeschnitten! Hausbau nach den Abmessungen der schon lange geplanten Modellbahnanlage!

Ein Traum ging in Erfüllung. Doch Planung und Aufbau der Anlage nahmen viel Zeit in Anspruch. Immer stellte Matthias Warneke sich die Frage, ob es nicht noch ein bißchen perfekter ginge. Heute schätzt er ein, daß die Anlage »im wesentlichen« fertig ist, aber daß er mindestens noch einmal genauso lange brauchen würde, bis sie endgültig perfekt ist. Darüber ist Matthias Warneke aber ganz froh, da er in den nächsten Jahren noch ausgiebig an seiner Anlage bauen kann.

Die Anlage

Wenn schon der Keller nach den Maßen der Anlage gebaut wurde, dann sollte sie die Fläche auch optimal ausfüllen. Deshalb führt die Strecke rundherum an den Wänden entlang. Die Anlage stellt eine Nebenbahn in Thüringen um die Jahrhundertwende dar. Die Motivwahl begründet der Modellbauer mit der Lieblichkeit der thüringischen Landschaft, die ihn bei Besuchen stets aufs neue begeistere, und die Wahl der Epoche mit der – »so sagt man« – seinerzeit herrschenden Gemütlichkeit, Solidität und Ruhe. In Wirklichkeit waren es wohl auch die zu erwartenden Basteleien, die ihn gereizt haben, gibt es doch aus dieser Zeit nur sehr wenige Fahrzeugmodelle und Zubehörartikel im Handel zu kaufen.

»Was ist denn los, Meier? Warum arbeitet die Sägemühle nicht?« »Verzeihung, Herr Kommerzienrat. Da hat jemand das Dach von der Mühle genommen und glotzt ständig von oben herein.« »Sie spinnen wohl total, Meier. Sagen Sie jetzt bloß noch, daß das so ein Riese ist, der 87 mal größer ist als wir.«

Alles ruht auf einem soliden Holzunterbau, dessen Spantenabstand 50 cm beträgt – ausreichend, um von unten in die Segmente einsteigen zu können. Die stark durchschnittene Landschaft besteht aus Fliegenschutzgaze, die mit Spachtelmasse beschichtet und im fast abgebundenen Zustand endmoduliert wurde. Grünflächen wurden zunächst aus Grasmatten von Auhagen modelliert, von denen im angefeuchteten Zustand das Trägerpapier abgezogen wurde. Die Landschaftsgestaltung wird mit dem Pflanzen der noch fehlenden rund 500 Bäume und des dazu gehörenden Unterholzes abgeschlossen.

Modelltechnische Daten

Nenngröße: H0/H0e/H0f

Abmessungen: 5,00 m x 3,00 m, Zimmeranlage an der Wand entlang, durchschnittliche Tiefe 1,20 m

Bauweise: Offene Rahmenbauweise aus gehobelten Dachlatten. Spanntenweite 0,50 m. Füße feststehend

Geländerelief: Spantenbauweise aus Sperrholz, aufgetackerte Fliegengaze mit Füllspachtelüberzug

Geländegestaltung: Felsennachbildung aus Gips und Feinsand, Grasmatten, handelsübliche Streumaterialien und Flockagen, präparierte Naturmaterialien

Seegestaltung: Faller-Seefolie über getönter Geländesenke. Folie von unter bemalt

Gleise: H0-Flexgleise von Pilz und und Weichen von Fleischmann. H0e-Gleise von Roco und H0f-Feldbahngleise im Selbstbau

Weichenantriebe: Hauptbahn, Fleischmann-Weichenantriebe unterflurig. Schmalspurbahn, Pilz-Antriebe

Betriebskonzept: Eingleisige Hauptbahn mit abzweigender Schmalspurbahn. Feldbahn im Industrie-(Steinbruch-)Bereich. Bahnhof Klinga mit Bahnbetriebswerk. Epoche I/II

Betriebsmittel: Dampflokomotiven und Wagen der Epoche I

Die Gleise entstanden aus handelsüblichem Material der Firma Pilz. Die Schwellenbänder wurden zerschnitten und die Schwellen anschließend wieder einzeln auf die Schienen gefädelt. Nur so konnte der korrekte Schwellenabstand von Länderbahngleisen nachgebildet werden. Die Weichen sind von Fleischmann, und haben ein teilweise mehrfaches Einschottern mit Kies ohne Funktionsstörungen überstanden. Die Schmalspurgleise stammen aus dem H0e-Sortiment von Roco. Damit die Streckenführung auch an der Kellertür geschlossen bleibt, können hier drei Brücken eingehängt werden. Diese Eigenbauten entstanden jeweils in einer anderen Bauweise. So besteht z.B. die 750 mm lange stählerne Fach-

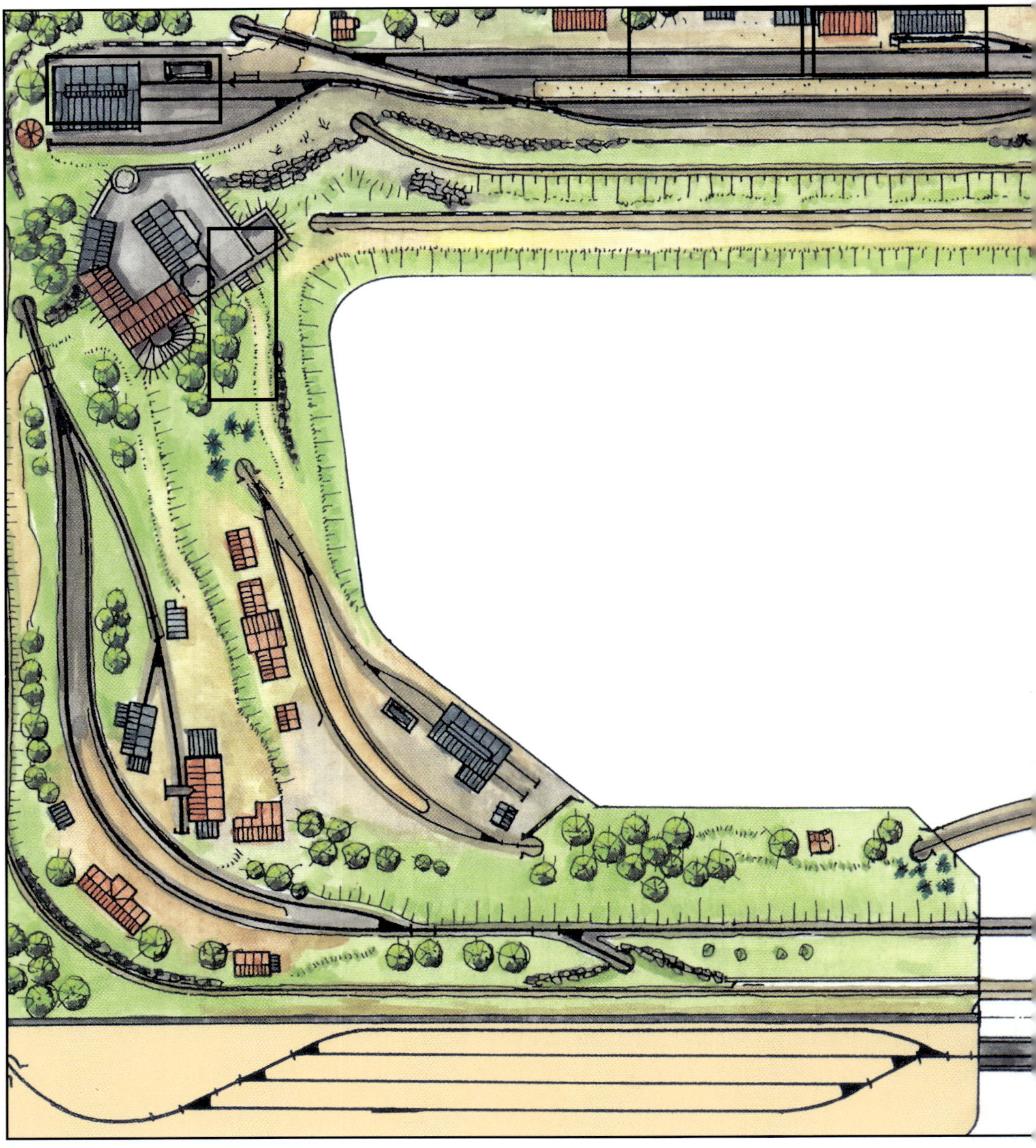

werkbrücke der Hauptbahn aus mehr als 300 Messingprofilen und Knotenblechen, die in mehrmonatiger Arbeit zusammengelötet wurden.
Die Gebäude sind ausschließlich Eigenbauten, die vorwiegend aus 2 mm dicker Lederpappe gebaut wurden. Alle Häuser sind innen und außen mit einer vorbildgetreuen Beleuchtung ausgestattet. Straßen- und Weichenlaternen wurden dabei nicht vergessen.

Stimmung und Betrieb

Auf der Anlage geht es sehr gemütlich und stimmungsvoll zu. Die Lokomotiven von Matthias Warneke fahren nie schneller als umgerechnet 50 km/h. Das Fahrzeugmaterial ist streng nach Epoche und Region ausgesucht. Da Angebot des Handels sehr dürftig und Vorhandenes unverhältnismäßig teuer ist, gibt es außer einigen selbstgebauten Fahrzeugen auf der Anlage kaum Reserveschachteln in den Regalen. Doch das, was sich im Verlauf des Betriebsgeschehens auf den Gleisen abspielt, ist vom Feinsten: Geringe Reise- und Rangiergeschwindigkeiten, zuverlässiges Kuppeln und Entkuppeln sowie Geräuschkulissen (Dampflokschnaufen, Zischeln und Pfeifen). Bei »Nacht« können in den Häusern die Lampen in unterschiedlichen Bereichen angeschaltet werden. Und dann werden sie sichtbar, die ungeheuren Mühen des Perfektionisten: Inneneinrichtungen in jedem beleuchteten Raum! Da krakeelen einige schon recht angetrunkenen Burschen in der Bahnhofsgaststätte, der Fahrdienstleiter trägt gerade die letzte Zugfahrt ins Buch ein und im Obergeschoß des Empfangsgebäudes wird's Zeit, daß ein kleiner Junge ins Bett gebracht wird. Im Spiegelsaal der Burg steht sogar ein Spinett inmitten von kostbaren Rokoko-Möbeln.

»Nanu Meister Spitzweg, Sie auch auf dem Weg in die Großstadt?« »Ja, ja. Muß ja wohl, nachdem mir der Rembrandt-Versand keine Farben mehr ins Haus liefert. Die haben einfach diese wunderschönen Schminke-Farben aus dem Sortiment genommen. Und Sie, mein Lieber?« »Ach, na ja, ich will eben halt mal wieder die Tolle Lola in der Bahnhofstraße besuchen. Sagen sie's aber nicht meiner Frau, die denkt nämlich, ich bin beim Taubenzüchterverein.« »Denkt sie gar nicht«, murmelt Fahrdienstleiter Warnecke und geht zum Schuppen, um sein Fahrrad zu holen.

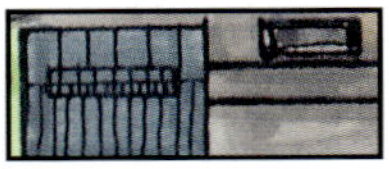

»Hoffentlich gehen die beiden Goldfasane bald wieder weg« denkt Willi Richter wütend. Während er hinter dem alten S-2-Tender Löwenzahnblätter für seine Kaninchen gesammelt hat, sind die beiden aus dem Bw-Büro gekommen und quatschen nun schon seit einer viertel Stunde. »Wenn ich an denen mit meinem Karnickelfutter vorbeigehe, gibt's ein Heidendonnerwetter.«

»Pfiffi, siehst du schon was von Amerika?« »Wuff, wuff, wuuuhu«. »Hör auf, dumm rumzubellen. Konzentriere dich lieber auf deine Aufgaben als Navigator. Wozu hast du denn deine Schnüffelnase?«

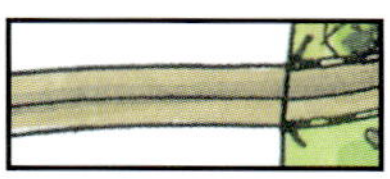

Untere Etage: »Was ist denn das für ein Lärm da oben?« Mittlere Etage: »Da fährt irgend so ein blöder Zug über die Brücke.« Obere Etage: »Eine S 2 und dahinter ein Wagen mit Bavaria-Bier.« Untere und mittlere Etage im Chor: »Schöner Lärm«.

»Gundalf, Fahre er langsam, ich will gesehen werden!« »Sehr wohl, Frau Gräfin.« »Um Gottes Willen! Tante Ottilie, dieser Drachen kommt zu Besuch! Schnell Kinder, bindet Bello los.«

Rangieralltag in Südthüringen: Weil die Rangiermaschine in Klinga ausgefallen ist, hat man sich für zwei Tage einen Bayrischen »Glaskasten« ausgeliehen.

»Seltsam, ich könnte schwören, daß ich die Schiebetür heute früh zugemacht habe.« »Ottokar, haben wir eigentlich die Waggontür wieder geschlossen?«

»Ach ich höre auf für heute, es beißt sowieso keiner, solange Meier seine Beene im Wasser hat. Mal seh'n wie lange der sitzen bleibt, wenn ich jetzt den Schieber öffne.«

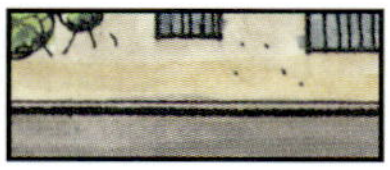

»Heute blau und morgen blau und übermorgen…« »Schluß jetzt meine Herren, der Trafo ist schon ganz heiß, ich muß die Lampen abschalten.«

Modellbahn auf Rädern

Das Erlebnis

Unter der Nummer 3/87 des Deutschen Modelleisenbahn Verbandes der DDR (DMV) wurde die Arbeitsgemeinschaft Adorf/Erzgebirge im Reichsbahnbezirk Dresden registriert. Einige Mitglieder hatten eigene Anlagen. Auf den meisten waren, angelehnt an die erzgebirgische Heimat, ein- oder zweigleisige Hauptbahnen im Mittelgebirge mit einer abzweigender Nebenbahn zu sehen. Mit diesen Platten wurden regelmäßig kleine Ausstellungen in Gaststättensälen und Turnhallen organisiert. Um die Klubkasse aufzufüllen, fanden außerdem jährliche Tauschmärkte statt. Diese waren, in Anbetracht des geringen Angebots in den Geschäften, für viele Modellbahninteressierte eine gute Gelegenheit, ihre Fahrzeugparks zu vervollständigen. Außerdem wechselte dabei auch das eine oder andere »West«-Modell unter dem Ladentisch den Besitzer.
Nach 1990 wurde der DMV aufgelöst, und die Chemnitzer Modellbahner führten Ihren Klub als eingetragenen Verein weiter. Schon seit längerem gab es gute Kontakte zum Modelleisenbahnklub MEC Oberallgäu-Kempten. Dessen Mitglieder hatten eine ausgefallene Idee, ihre Klubanlage zu präsentieren: in einem ausrangierten Personenzugwagen (vom Typ C4i-36) der Bundesbahn. Ergänzt durch einen zweiten Wagen, der Aufenthalts- und Werkstatträume beherbergt, entstand ein kleiner Ausstellungszug, mit dem Veranstaltungen an vielen Orten der Bundesrepublik besucht werden konnten. Eines Tages,

sozusagen über Nacht, beschlossen die Kemptener in der Euphorie der Wiedervereinigung, diese beiden Wagen samt der Anlage dem Klub in Chemnitz zu schenken, da mittlerweile neue Modellbahn-Ideen gereift waren.
Die Wagen wurden mit einigen Restmonaten Lauffrist (bis zur nächsten Hauptuntersuchung) nach Chemnitz überstellt. Ein geeigneter Stellplatz wurde im Sächsischen Eisenbahnmuseum in Chemnitz-Hilbersdorf gefunden. Hier befand sich bis 1996 einer der bekanntesten Verschiebebahnhöfe der Deutschen Reichsbahn. Allerdings droht im Zusammenhang mit dem Ausbau der Strecke Dresden–Chemnitz der Abriß des Anschlußgleises. Die Klubwagen wären dann vom Gleisnetz der Deutschen Bahn AG abgeschnitten. Jetzt können die Ausstellungswagen noch mit 30 km/h in den Lokzügen des Museums durch die Lande reisen, denn für die inzwischen notwendige Hauptuntersuchung fehlt das Geld.
Ein weiteres Problem sind die vielen Streckenstillegungen der DB. Dadurch gibt es immer weniger Abstellgleise, auf denen die Wagen für Ausstellungen oder Veranstaltungen stehen könnten.

Selbst Gebäudemodelle unterschiedlicher Typen und Hersteller lassen sich zu einem harmonischen Ensemble vereinigen. Dicht gestellt und geschickt mit dem Hintergrund verbunden, entsteht eine typische mittelalterliche Kleinstadt.

Modelltechnische Daten

Nenngröße: H0/H0e

Abmessungen: 14,00 m x 2,00 m als Wandanlage in einem Eisenbahnwaggon

Bauweise: Offene Rahmenbauweise auf einem Untergestell aus Stahlprofilen, fest mit dem Wagenboden und den Wänden verschraubt

Geländerelief: Drahtgitter-Gips-Methode, Sperrholzplatten unter dem Bahnhof und den Stadtteilen

Geländegestaltung: Grasmattengrundlage mit Bewuchs aus handelsüblichem Geländezubehör, gemalte Hintergrundkulisse mit Gebirgsmotiven, Gebäudemodelle verschiedener Hersteller

Oberleitung: Sommerfeld-Oberleitung (betriebsfähig) im sichtbaren Teil der Anlage

Gleise: Roco-Flexgleise mit 2,5 mm Schienenprofil, Fleischmann-Weichen, Gleise ohne Bettung, nachträglich eingeschottert

Weichenantriebe: Roco-Unterflurantriebe

Betriebskonzept: Zweigleisige elektrifizierte Hauptbahn mit abzweigender eingleisiger (nicht elektrifizierter) Nebenbahn, Bahnbetriebswerk mit Drehscheibe, Schmalspur-Bahn (H0e) als Industriebahn

Betriebsmittel: Triebfahrzeuge verschiedener Hersteller, Um- und Eigenbaufahrzeuge aus dem Besitz von Klubmitgliedern

Die Wagen müssen jedes Mal mit Gewindespindeln abgestützt werden, spezielle Treppen am Ein- und Ausgang sind nötig, und ein Stromanschluß mit 380 Volt muß in Gleisnähe vorhanden sein. Das alles zu installieren lohnt sich nur, wenn die Wagen mehrere Tage an einem Ort verweilen können.

Trotz dieser Schwierigkeiten gingen die Modellbahner in Chemnitz, glücklich über das Geschenk, begeistert an die Arbeit und bestückten die Anlage nun mit ihren eigenen Fahrzeugen, nahmen hier und da eine kleine Reparatur vor und gestalteten einige Details auf der Anlage neu. Das Äußere der Wagen wurde in vielen staubigen Arbeitsstunden durch Abschleifen mit der Handbohrmaschine vom weiß-blauen Bayernlook befreit. Anschließend wurden die Wagen im RAW Chemnitz in den ursprünglichen Reichsbahnfarben dunkelgrün lackiert.

Die Anlage

Um eine so große Modellbahnanlage (14 x 2 m) in einem Eisenbahnwaggon aufzustellen, dessen Boden während der Fahrt ständigen Erschütterungen und Verwindungen ausgesetzt ist, bedarf es eines stabileren Unterbaus, als er für eine gewöhnliche Anlage ausreicht. Ein Gerüst aus stählernen Vierkant- und Winkelprofilen ist fest mit dem Boden und den Wänden verschraubt, so daß für die Trassen- und Anlagengestaltung beste Voraussetzungen geschaffen wurden. Bei der Konzeption der Anlage wurde bewußt auf »Epoche- und Landschaftskorsetts« verzichtet. So ist ein abwechslungsreicher Betrieb mit gemischtem Fahrzeugpark möglich, der immer wieder auf große Zustimmung bei den Besuchern stößt. Auf drei Etagen wurden 400 m Gleis und 72 Weichen verlegt. Der sichtbare Teil der Anlage besteht aus einer Mittelgebirgslandschaft, die an der Wand durch eine perfekt gemalte Hintergrundkulisse fortgesetzt wird. Blickfang der zum größten Teil elektrifizierten Gleisanlagen ist der 7-gleisige Bahnhof mit dem sich anschließenden Dampflok-Bw. Der reibungslose Zugverkehr wird aber erst durch den »unterirdischen« Schattenbahnhof möglich, der mit zuverlässigen, automatischen Sicherheitseinrichtungen ausgerüstet ist. Die Trassenbretter und die Grundplatten für den Bahnhof und die angedeutete Großstadt bestehen aus 10 mm dickem, wasserfestem Sperrholz.
Alle sichtbaren Gleise wurden im Bogen mit entsprechender Überhöhung und in einem Schotterbett eingebaut. Für die Landschaftsgestaltung wurde Drahtgaze gewählt, die mit einem Gipsüberzug versehen wurde. Herausnehmbare Geländeteile sorgen dafür, daß jeder Teil der Anlage schnell und einfach zu erreichen ist. Auf den elektrifizierten Abschnitten können die zahlreich verkehrenden Elektolokomotiven im »echten« Oberleitungsbetrieb fahren. Eine Eigenbau-Elektronik schafft die Voraussetzungen für den automatischen Blockbetrieb, der weitgehend mit Tageslichtsignalen gesteuert wird. Brems- und Anfahrvorgänge, die automatisch verzögert werden, tragen zum vorbildgetreuen Fahrbetrieb bei.

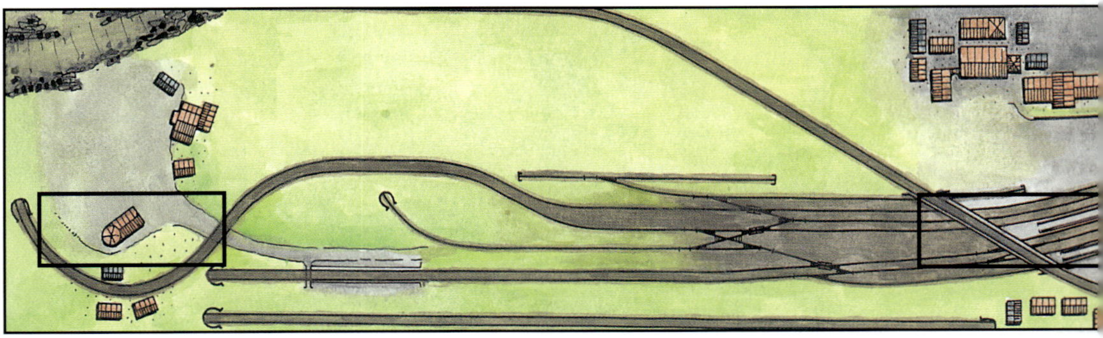

Gespräch im Liegewagen der »Rollenden Landstraße«: »Uah! Rudi, gugge doch mal wo mier sind.« »Wir fahren gerade durch Königstein.« »Nu prima. Da gann'ch mich ja noch mal uff de andre Seite lechen. - Hoffentlich vergißt nicht der Lokführer in Bad Schandau uff 3000 Volt Gleichstrom umzuschalten, sonst komm mir nich nach Tschechien rein.«

Stimmung und Betrieb

Aufgrund der gewählten Anlagenkonzeption können den Zuschauern bis zu 30 unterschiedliche Zuggarnituren präsentiert werden. Da gibt es die »bunte Güterzugleine« aus der Länderbahnzeit, die »Rollenden Landstraße« nach dem Vorbild der Verbindung Dresden–Decin (Tschechien), den Lufthansa- und den Rheingold-Express und nicht zuletzt auch einen Regionalzug mit einer schon recht betagt aussehenden V 180 an der Spitze.
Viele Details und kleine Figurenszenen sorgen für ein interessantes »Leben« auf der Anlage. Ergänzt werden diese durch geschickt einge-

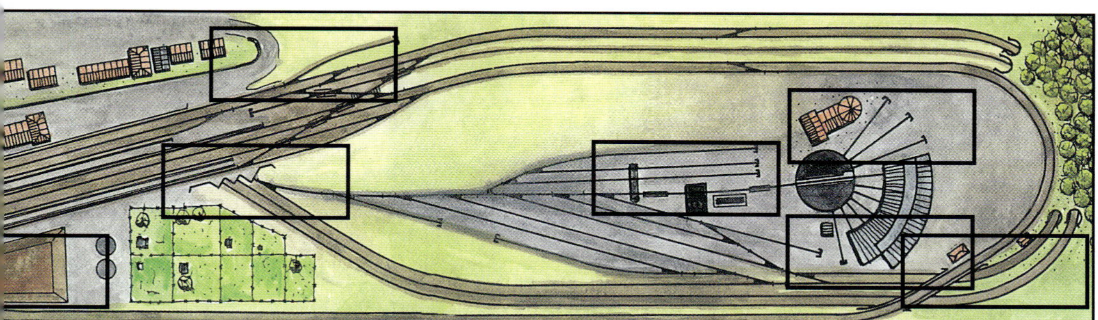

setzte Geräusch- und Lichteffekte: Ein flackerndes Schweißlicht in der Werkstatt des Betriebswerks zum Beispiel, Qualm und Flammen aus dem Dachstuhl des örtlichen Finanzamtes (besonders beliebt bei den Besuchern), Glockengeläut aus dem Kirchturm sowie zahlreiche flinke Faller-car-Autos. Die Stadt besteht aus verschiedenen Stadtteilen. In einem stehen Fachwerkhäuser mit fränkischem Baustil und in einem anderen norddeutsche Backsteinbauten.

Doch so richtig stimmungsvoll wird es erst, wenn die Deckenlichter im Ausstellungswagon abgedunkelt und die Anlage von einer Vielzahl warm-gelber Lichtkegel der Modelllampen beleuchtet werden. Dann ist es Zeit für den Klub-Chef, eine Dampflokomotive der Baureihe 19.0 von Model-Loco aus der Schachtel zu holen, um sie vorsichtig auf das Zufahrtsgleis zur Drehscheibe zu stellen. Langsam fährt sie qualmend und mit zischenden Zylinderhähnen in den Lokschuppen. Und wenn die »Sachsenstolz« auf diese Weise den Ausstellungstag beendet, bekommen Zuschauer und Klubmitglieder regelmäßig die berühmte »Modellbahn-Gänsehaut«.

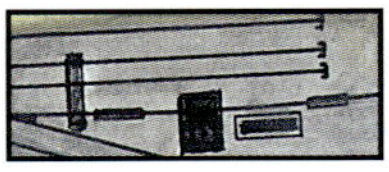

»Was ist denn los mit eurem Wiegebunker? Bei mir fällt die Kohle bloß noch in dünnen Rinnsalen in den Tender.« »Wir sind schon dabei, Meester« sagt ein junger Schlosser und klopft mit einem Vorschlaghammer gegen den Behälter, daß es nur so dröhnt. »Das nützt nichts. Der Fehler liegt unten an der Klappe. - Mach den zweiten Trichter fertig. Ich fahr die Maschine inzwischen vor.«

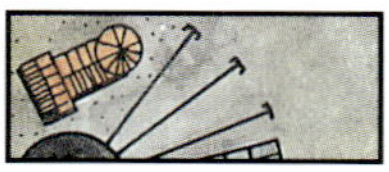

Das Übernachtungsgebäude am Wasserturm ist typisch für größere Bahnbetriebswerke. An der Sauberkeit der Bettwäsche konnten »fremde Personale« erkennen, wie es um die Dienststelle bestellt war.

»Otto zieh dir lieber Arbeitsklamotten drüber, das Ausblasen macht nämlich einen höllischen Dreck. Und du weißt, was deine Frau letztesmal für ein Theater gemacht hat.« »Ich weiß, ich weiß - aber wer sagt denn, daß ich ausaschen will? Ich sehe nur nach, wieviel Lösche in der Rauchkammer liegt, damit ich weiß, wieviele Lehrlinge ich aus der Werkstatt holen muß.«

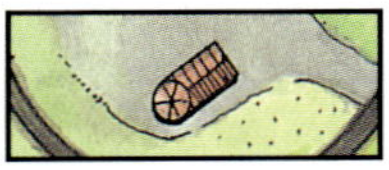

Die gute räumliche Wirkung der Anlage ist auf die gelungene Kombination von modellierter Landschaft und gemaltem Hintergrund zurückzuführen. Besonders die geschickte Nutzung perspektivischer Gesetze trägt dazu bei, wie das Beispiel der in Serpentinen verlaufenden Straße (oben rechts) zeigt.

»Da kommt Franz von Hilbersdorf. Der hat aber seine Maschine wieder auf Hochglanz poliert.« »Keen Wunder. Der hat doch ne neie Freindin.« »Ach so. Und wie heißt die?« »Nu, Ludmilla ähmd. Ha, ha.«
Fahrdienstleiter Köppke an der Tür: »Ihr seid vielleicht ein paar Quatschköppe!«
(Ludmilla ist unter Eisenbahnern die liebevolle Bezeichnung für Dieselloks der Baureihe 234)

»Herr Schmidt, könnten sie uns nicht mal eine Lkw-Ladung Sand in unseren Buddelkasten schütten?« »Tut mir leid, Kinder. Aber erstens fahre ich nur Kies und zweitens würde ich mit einer Fuhre nicht nur euren Sandkasten sondern den ganzen Spielplatz zuschütten.« »Na, dann nehmen sie eben mal ganz feinen Kies und laden nur eine kleine Schippe voll in ihr Auto. Geht das?«

»Was ist denn das für eine Lokomotive, Franz-Kilian?« »Das ist eine sächsische VT. Die fuhr vor etwa achtzig Jahren hier in Chemnitz als Rangierlok.« »Richtig, junger Mann« mischt sich ein älterer Herr ein, der sich lässig auf seinen Stock stützt. »Du sprichst aber die Bezeichnung falsch aus. Das ist keine Vau-Te, sondern eine Fünf-Te. Die Sachsen bezeichneten nämlich ihre Maschinen mit römischen Ziffern.«

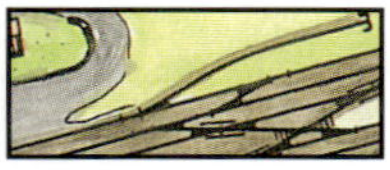

»Ausfahrtsignal steht. Signal Hl 3b« ruft der Beimann seinem Lokführer zu. Auch der hat bei der Durchfahrt das Signal »Fahrt mit 60 km/h, dann mit Höchstgeschwindigkeit« längst erkannt. Trotzdem nimmt er die Geschwindigkeit kaum herunter. Die Zeit ist knapp und mit seinem abendlichen Städteexpress ist er ohnehin spät dran.

Große Streckentrennung im Vorharz

Das Erlebnis

Zehn Modelleisenbahner haben elf unterschiedliche Meinungen über ihr Hobby. Dieses Prinzip gilt für fast alle Modellbahnklubs. Das muß nicht immer von Nachteil sein, kommen doch auf diese Weise viele, wenn oft auch sehr ausgefallene Ideen auf den Tisch. Geschickt ausgewählt und kombiniert können so sehr interessante Modellbahnanlagen entstehen. Nach langen Diskussionsabenden entschloß sich die Arbeitsgemeinschaft des Betriebshofs Dresden im früheren Bw Dresden-Altstadt, eine Klubanlage mit dem Thema »Zweigleisige Hauptbahn im Mittelgebirge mit abzweigender eingleisiger Nebenbahn« zu bauen. Dieser Kompromiß war zwar nicht gerade sehr originell, aber alle, auch die Besucher der jährlichen Ausstellungen, waren vom Ergebnis angetan und hatten einige Jahre Spaß an dieser Anlage.
Allerdings kamen immer wieder Fragen, ob es denn den Bahnhof Kunkelsdorf wirklich gäbe, und wo denn dieser Felsen mit der Burg zu finden sei. Die Antworten der Klubmitglieder waren in solch einem Fall immer ausweichend. Und eines Tages entschloß man sich, ein neues Anlagenmotiv zu suchen. Diesmal sollte es aber ein konkretes Vorbild haben.
Wenn ein Modellbahnklub in einem Bahnbetriebswerk beheimatet ist, sind unter den Mitgliedern naturgemäß auch viele »Schwarze«, wie die Lokomotivführer und Heizer unter Kollegen genannt werden. Einer von ihnen

verrichtete eine Zeitlang seinen Dienst auf der sogenannten »Kanonenbahn«. Diese Strecke wurde aus militärischen Gründen vom Preußischen Staat zwischen Berlin und Metz (heute Frankreich) gebaut, und sollte dem Aufmarsch gegen das benachbarte Frankreich dienen. Einer der vielen Knotenpunkte auf dieser Magistrale war der Trennungsbahnhof Blankenheim. Hier zweigte die Strecke nach Halle von der Kanonenbahn ab, die weiter über Belzig nach Berlin führte.
Betriebstechnisch ist diese Station sehr interessant. Die zweigleisige Trennung verfügt über viele Signale, Stellwerke, Brücken und Tunnel in einer landschaftlich reizvollen Gegend zwischen den Ausläufern des Harzes. Die Schilderungen des Lokführers fanden alle Mitglieder interessant, und es wurde beschlossen, sich mit den Gegebenheiten bei einer Erkundung vor Ort vertraut zu machen. Dieser ersten folgten viele weitere, zumeist nur von einzelnen Gruppen des Klubs, die sich z.B. mit dem Oberbau, den Hochbauten, den Brücken oder den Stellwerksanlagen beschäftigten. Durch diese Spezialisierung war es möglich, alles sehr vorbildgetreu auf der neuen Gemeinschaftanlage nachzubauen. Und auf die Frage von Besuchern, wo denn dieser Bahnhof mit dem komplizierten Gleisplan sei, können die Modellbahner jetzt eine konkrete Antwort geben. Und wenn es die Zeit erlaubt, erzählen sie sogar die ganze lange Geschichte.

Die Anlage

Bevor mit dem Bau der Anlagenteile begonnen wurde, werteten die Dresdener nicht nur ihre Exkursionsergebnisse gründlich aus, sondern auch noch zahlreiches Kartenmaterial. Grundidee war die Darstellung des Bahnhofs Blankenheim Trennung vor einem bewaldeten Berghang, dem »Hunderücken«, der als natürlich wirkender Anlagenabschluß dienen sollte. Der Vordergrund mit leichten Hügeln und Wiesen ist dagegen frei einsehbar und erlaubt interessante Einblicke in die Model-

Kleine Telefonhäuschen finden sich auf freier Strecke in der Regel vor Signalen, damit bei Störungen oder sehr langen Wartezeiten das Zugpersonal Informationen mit dem nächsten Stellwerk austauschen kann. In der heutigen Zeit übernimmt der Zugfunk diese Aufgabe. Die Telefone gibt es aber immer noch - sicher ist sicher.

landschaft. Um niveaugleiche Kreuzungen im Abzweig zu vermeiden, verlaufen die Strecken teilweise in Einschnitten und auf Dämmen – eine große Herausforderung für die Anlagenbauer. Die ein Meter hohe, selbstgemalte Hintergrundkulisse hinter dem »Hunderücken« schließt die Anlage für den Betrachter optisch ab. Dahinter befindet sich viel Platz für Abstell- und Rangieranlagen im offenen Schattenbahnhof.

Modelltechnische Daten

Nenngröße: H0

Abmessungen: 9,50 m x 2,40 m und 8.30 m x 2,40 m im rechten Winkel zueinander stehend

Bauweise: Plattenbauweise (je 2,40 m x 0,80 m) auf einem Gerüst aus Aluminiumprofilen mit höhenverstellbaren Beinen

Geländerelief: Spantenbauweise mit Überzug aus geleimtem Papier und Geländematten

Geländegestaltung: Felsen aus Baumrinden, Bäume aus Rainfarn, Goldrute und anderem Strauchwerk

Hoch- und Kunstbauten: Überwiegend Eigenbauten aus Sperrholz, Pappe und Preßspanplatten nach selbst angefertigten Plänen

Gleise: Pilz-Flexgleise und -Weichen. Die Betonschwellengleise stammen aus einer Kleinserie des ehemaligen DMV

Weichenantriebe: 24-Volt-Fernmelderelais mit Spannungsversorgung für die Herzstückbereiche und Rückmeldung

Betriebskonzept: Trennungsbahnhof einer zweigleisigen Hauptbahn in zwei ebenfalls zweigleisige Hauptbahnen, außerdem Darstellung des Bahnhofs Kloster mit abzweigender regelspurigen Nebenbahn

Betriebsmittel: Dampf- und Diesellokomotiven der Epoche III, Güterzüge vorwiegend als Ganzzüge

Mittelpunkt der ca. 20 m² großen Anlage ist der Bahnhof Blankenheim Trennungsbahnhof, der sich in einem weiten Bogen über eine Länge von fast fünf Metern erstreckt. An der Seite der L-förmigen Anlage befindet sich der Anlagenteil Klostermannfeld mit dem Anschluß nach Wippra wo das »Wipperlisel« verkehrt.
Die gesamte Anlage besteht aus 2,40 m x 0,80 m (bzw. 1,60 m) großen Platten, die miteinander verschraubt wurden und auf höhenverstellbaren Beinen stehen. Die Tragkonstruktion unter den Platten besteht aus Holz- und Aluminiumprofilen.
Die Geländehaut entstand aus mehreren Schichten Zeitungspapier, die mit handelsüblichen Geländematten beklebt wurden. Nach einer sehr umfangreichen farbigen Behandlung dieser Matten erfolgte die »Bepflanzung« mit Sträuchern, Unterholz und Bäumen. Bei einer notwendigen Waldfläche von mehr als 2 m² ergab sich ein Bedarf von mehreren hundert Bäumen. Dabei waren es nicht nur Kostengründe, die die Modellbahner auf Naturmaterialien zurückgreifen ließen: Renntierflechte und andere Moose wurden mit Glyzerin konserviert und mit Tischlerbeize eingefärbt. Die Stämme bestehen aus Rainfarnen, Goldrute und anderem Strauchwerk. Einzeln stehende Bäume haben Stämme aus Strauchwerkzweigen von Liguster- oder Weißbuchenhecken.
Das Gleismaterial stammt von Pilz. Da die Neusilberschienen zu sehr glänzten, wurden sie mit Beize brüniert. Auf dem Anlagenteil Kloster fand Betonschwellengleis Verwendung, das aus einer Kleinserienproduktion des Deutschen Modelleisenbahnerverbandes der DDR (DMV) stammt. Die Weichenantriebe sind ausschließlich unterflur angeordnet und bestehen aus umgebauten Fernmelderelais. Dem Vorbild entsprechend wurden auf den sichtbaren Anlagenteilen Freileitungen und alle erforderlichen Formsignale installiert.
Eine umfangreiche Aufgabe hatten die Gebäudebauer zu lösen, konnte doch für keines der authentisch nachzubildenden Gebäude ein handelsüblicher Bausatz verwendet werden. So entstanden fast alle Hochbauten maßstabsgetreu im Eigenbau. Ein Aufwand, der sich gelohnt hat und der Anlage einen unverwechselbaren Eindruck verleiht. Zu die-

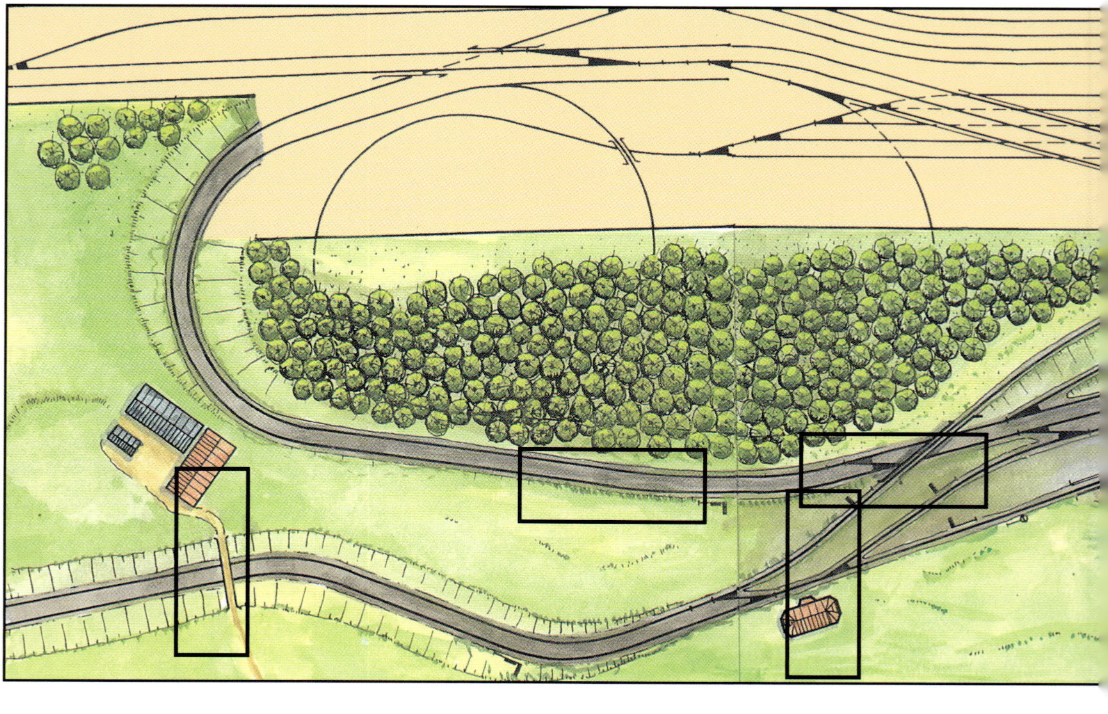

sen aufwendigen Selbstbauten gehören auch Kunstbauten wie Überschneidungsbauwerke, Brücken und Durchlässe, die alle exakt nach den jeweiligen Vorbildern entstanden.

Stimmung und Betrieb

Die Anlage ist für die Abwicklung vieler Zugbewegungen, wie sie noch in den 60er Jahren beim Vorbild üblich waren, konzipiert. Deshalb hat die beschriebene Landschaftsgestaltung – bei allem Aufwand – eigentlich nur eine zweitrangige Bedeutung. So ist es nicht verwunderlich, daß bereits kurz nach dem Verlegen der ersten Gleise ein reger, wenn auch behelfsmäßiger, Zugbetrieb stattfand. Und da die Erbauer zum großen Teil Eisenbahner sind, ist der vorbildgetreue Fahrzeugeinsatz selbstverständlich. Um Lücken im Sortiment der Modellbahnindustrie zu schließen, bildete sich eine »Fraktion« von Fahrzeugselbstbauern, die viele typische Lokomotiven und Wagen selbst herstellten. Als Glanzlichter dieser Bemühungen seien hier nur stellvertretend Modelle der Lokomotiven BR 65.10, 50.35 und 58.30 genannt, die in der Epoche III (ca. 1945–1970) täglich durch den Trennungsbahnhof Blankenheim fuhren. Vor allem aber fuhren bis in die 70er Jahre Dampfloks der Baureihe 44 auf dieser Strecke. Kein Wunder also, daß auch auf der Modellbahnanlage diese Maschinen ihren Dienst tun. Alle Fahrzeuge vor den verschiedensten Zuggarnituren, darunter sechs Ganzzüge, einige Sonderzüge und verschiedene Sonderfahrzeuge, verkehren mit vorbildgetreuer Geschwindigkeit. Die Betriebssituation und damit die Atmosphäre auf dieser Klubanlage ist von der Lage des Vorbilds an der Grenze zweier bedeutender Reichsbahndirektions-Bezirke bestimmt. Die so bedingte vielfältige Bespannung der Züge mit Lokomotiven verschiedener Bahnbetriebswerke gibt Zeugnis von einer Zeit, in der Dampflokomotiven noch einen festen und gleichberechtigten Platz unter den Triebfahrzeugen hatten. Von Streckenstillegungen sprach damals kaum jemand. Beim Dresdner Modellbahnklub auch nicht.

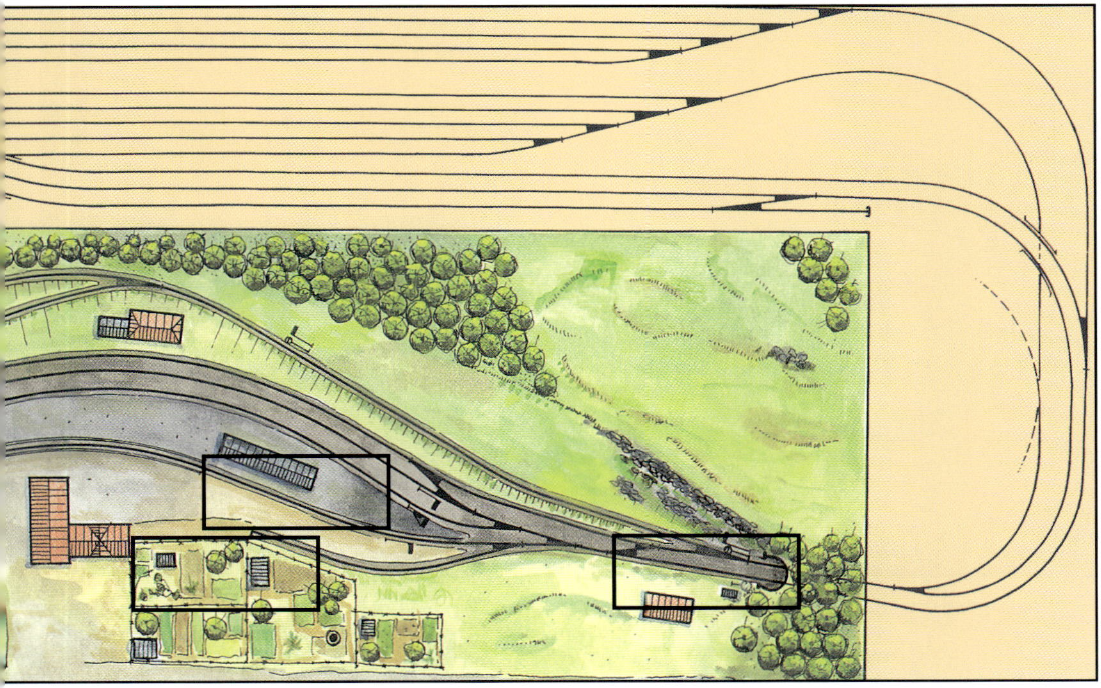

Einfahrt eines Durchgangsgüterzuges aus Richtung Sangerhausen in den Bahnhof Trennung. Beachtenswert ist die detaillierte Gestaltung der Tunneleinfahrt mit den unterschiedlichen Stützmauern und dem Felsen, durch den der Blankenheimer Tunnel geschlagen werden mußte.

»Ja doch! Ja doch!« schimpft Fahrdienstleiter Böttcher im Stellwerk Tm (steht für »Trennung, mitte«), als der VT 33 schrill piepsend seine Ausfahrt verlangt. »Muß ja erst mal den Güterzug rein lassen.« Und er schaut etwas Unverständliches grummelnd der Triebwagengarnitur nach, die sich röhrend am »Hp 2« zeigenden Ausfahrsignal vorbeiquält und dröhnend im Tunnel verschwindet.

»Meine Laube is mei Casel ... oder wie das off Englisch heeßt« sinniert Opa Bänsch und saugt kräftig an seiner Pfeife. Hund Fips glaubt, er sei mit dem Gemurmel gemeint und kommt eilig angerannt. Das tut er jedesmal, wenn Otto Bänsch Selbstgespräche führt (»Weil der Köter absolut blöd ist«, wie Enkel Maik meint.). Die Dialoge zwischen dem ehemaligen Schrankenwärter und seinem Hund sind im ganzen Dienstbereich bekannt.

Abendstimmung am Kreuzungsbauwerk. Die schiefe Blechträgerbrücke mit den schräg verlaufenden Obergurten an den Widerlagern ist ein Charakteristikum des Trennungsbahnhofs Blankenheim. Sie gehört zur technischen Ausstattung der Klubanlage. Weil es im Handel kein adäquates Exemplar zu kaufen gab, wurde das Modell »Niete für Niete« in Handarbeit nachgestaltet.

»Mist, schon wieder ist die Telefonleitung gestört!« Lokführer Franke ist sauer. Einmal zum Stehen gekommen, kann selbst seine 50.50, eine Rekolokomotive mit Ölhauptfeuerung, den 1450 Tonnen schweren Kalkzug auf der Steigung nicht mehr in Bewegung setzen. Hilfe ist also angesagt, und die kann nur aus Hettstedt oder Mansfeld kommen. Doch das kann dauern...

Gespräch der beiden Knirpse auf der Brücke: »Ist das eine französische Lok?« »Warum?« »Weil die so grün ist«. »Blödmann, das ist doch die 02 0201 von der VES-M Halle. Die fahren heute mit einem Sonderzug des Deutschen Modellbahn Verbandes nach Erfurt.« »Was du alles weißt«. (VES-M war die Abkürzung der Versuchs- und Entwicklungsstelle der DR für Maschinenwirtschaft)

»Egon, sieh genau hin, wenn der D 812 vorbeifährt. Die vom Block 17 haben gemeldet, daß am dritten Wagen eine Achse qualmt. Waren sich aber nicht sicher.« »Und wenn die wirklich qualmt Meester?« »Mmh, dann ruf ganz schnell beim Block 19 an! Klar?«

»Alle Räder stehen still, wenn mein starker Arm es will,« summt der Lokführer der kleinen Kö vor sich hin. Nur Eingeweihte wissen, daß dieser »starker Arm« eine hübsche Reichsbahnsekretärin auf dem Stellwerk ist, die ihm immer und überall freie Fahrt gewährt.

»Nu sag mir mal bloß Otto, was war in dem Kalkwagen drinne.«
»Na Kali für meinen Acker!«

Erläuterungen

Nenngröße: Die Nenngrößenangabe bezieht sich immer auf den Verkleinerungsmaßstab des Vorbilds zum Modell. Die Verkleinerungsmaßstäbe betragen für die Nenngrößen Z = 1:220, N = 1:160, TT = 1:120, H0 = 1:87, 0 = 1:45(43,5), I = 1:32 und II = 1:22,5. Es können also durchaus verschiedene Spurweiten in einer Nenngröße existieren. So beträgt die Nachbildung der Regelspur (beim Vorbild 1435 mm) in der Nenngröße H0 16,5 mm. Die Schmalspurweite, die beim Vorbild 1000 mm beträgt ist im Modell 12 mm und die beim Vorbild 750 mm große im Modell 9 mm. Es haben sich also nur die Spurweiten geändert, der Maßstab (in diesem Falle 1:87) ist der gleiche geblieben. Diese Unternenngrößen werden mit zusätzlichen Kleinbuchstaben bezeichnet: m für die Schmalspurweite des 1000-mm-Vorbilds (12 mm in H0) und e für die der 750-mm-Schmalspur (9 mm in H0).

Spurweite: Innenmaß zwischen den Schienenköpfen. Da der Schienenkopf einem starkem Verschleiß unterliegt, wird beim Vorbild das Maß 14 mm unter Schienenoberkante (SO) gemessen. Die Regelspurweiten (bezogen auf das Vorbildmaß 1453 mm) der einzelnen Modell-Nenngrößen betragen: Z = 6,5 mm, N = 9 mm, TT = 12 mm, H0 = 16,5 mm, 0 = 32mm, I = 45 mm und II = 64 mm.

Module: Module sind transportable Anlagenstücken, die in beliebiger Folge aneinander angeschlossen werden können. Die Größen der Module sind je nach Modulnorm unterschiedlich und liegen i.d.R. bei 1000 mm x 500 mm. Genormt sind nur die Schnittstellen zwischen der Modulen. Die dazwischenliegende Gestaltung ist dem Erbauer freigestellt. Durch die einheitliche Gestaltung der Stirnflächen der Module – was nicht nur die Form sondern auch die Lage der Bohrungen und evtl. Paßstifte betrifft – ist eine hohe Kompatibilität mit anderen Modulen die nach gleicher Norm gebaut wurden möglich. So sind nationale und internationale Treffen, bei denen bis zu 200 Module zusammengestellt werden, keine Seltenheit.

Segmente: Segmente sind modulare Anlagenstücke, die nicht freizügig miteinander kompatibel sind. Sie haben den Vorteil der schnellen Zerlegbarkeit und des leichten Transports, sind jedoch meistens an ihren Schnittstellen so angelegt, daß nur ein ganz bestimmtes Anlagente I angeschlossen werden kann. Segmente sind nicht genormt und entstehen meistens nur aus dem Wunsch heraus, die Anlage (etwa zu Ausstellungszwecken) zerlegen zu können. Ihr Vorteil besteht jedoch auch darin, daß sie ebenfalls an den Längsseiten der Anlagenteile erweiterbar sind, was bei »echten« Modulen in der Regel nicht möglich ist.

Kompaktanlagen: Kompaktanlagen sind Modellbahnanlagen, die – im Gegensatz zu Modul- und Segmentanlagen – nicht in einzelne Teile zerlegbar sind. Der Vorteil einer solchen permanenten Anlage ist, daß sie auf einem festen Unterbau steht und somit eine hohe Stabilität besitzen. Außerdem braucht beim Gleis- und Geländebau nicht auf Schnittstellen Rücksicht genommen zu werden. Auch die elektrische und elektronische Steuerung ist in der Regel ausgefeilter und zuverlässiger als die von Modulen. Hintergrundkulissen sind besonders bei Zimmeranlagen gut aufstellbar. Vom Anlagenrand schlecht erreichbare Abschnitte können durch Luken oder herausnehmbare Geländeteile zugänglich gemacht werden, sofern bei den ersten Planungsschritten daran gedacht wird.

Rahmenbauweise: Besonders transportable Modellbahnanlagen sollen leicht und dennoch stabil sein. Dafür wird eine Bauweise bevorzugt, bei der die äußeren Seitenteile aus hochkant stehenden Scheiben (Bretter, Tischlerplattenstreifen oder Sperrholzstreifen) bestehen. Besondere Stabilität erfordert die Eckengestaltung, da hier die Schubkräfte am größten sind. Die weitere Aussteifung des Rahmens erfolgt mit Rippen und Spanten, die meistens an ihrer Oberkante bereits dem Geländeprofil angepaßt sind. Geschlossene Flächen (Platten oder Streifen) findet man nur dort, wo Gebäudemodelle aufgestellt werden oder als Trassenbretter unter den Gleisen. Alle übrigen Räume sind offen. Eine geschlossen Geländedecke erreicht man durch Bezug der Geländespanten, etwa durch Stoff, feinen Maschendraht oder Gaze.

Plattenbauweise: Die Plattenbauweise ist die älteste Form des Anlagenaufbaus. Ihr Vorteil besteht einerseits in der geschlossenen Fläche, auf der sich ungehindert und freizügig Gleise in beliebiger Form verlegen lassen und andererseits darin, daß sie sich bei Nichtbenutzung leicht verstauen läßt. Die Geländegestaltung erfolgte früher oft durch Papierknäule, die mit Pappmaché oder Stoff überzogen wurden. Modernere Methoden verwenden Styropor- oder Styrodurplatten, die höhenschichtenartig verklebt und anschließend mit Heißdrahtpistole oder Messer geformt werden. Die Nachteile dieser Bauweise sind die hohe Masse und die fehlende Verwindungssteifigkeit der Platte. Letztere wird um so geringer, je dünner und je größer die Platte ist. Aussteifungselemente aus Holz (Leisten) oder Metall (Profile) sind hier meistens sinnvoll. Ein weiterer Nachteil ist, daß ohne größeren Aufwand nur »Höhenlagen« dargestellt werden können. Vertiefungen unter »Platten-Null« sind nur durch Ausschnitte in der Platte darstellbar.

Geländegestaltung: Die Formen der Geländegestaltung auf Modellbahnanlagen sind äußerst vielfältig. Eine weitverbreitete Form ist die der Schaffung eines »Grobgeländes« durch bearbeitete Styropor-/Styrodurunterbauten bzw. durch Draht- oder Kunststoffgeflecht auf Geländespannten. Häufig erfolgt noch eine Zwischenschicht durch mehrere Lagen Papierschnipsel, die satt mit Kaltleim untereinander und mit dem Untergrund verbunden werden. Darauf geschieht schließlich die Geländefeingestaltung mit Spachtelmasse auf Gips- oder auf Pappmachébasis.
Grundlage der Oberflächenflora sind häufig Grasmatten, die im nassen Zustand auf den Untergrund geklebt werden. Weitere Gestaltungselemente sind Büsche aus Moosen und feingeästelten Naturprodukten, Bäume aus Bausätzen und Fertigteilen sowie verschiedenste Streumaterialien, Flocken und Gespinste. Sehr gute Ergebnisse bringt auch die Verwendung von Naturprodukten.

Epochen: Um eine zeitliche Zuordnung der Modelldarstellung zum Vorbild zu erleichtern, teilte man die Geschichte des großen Vorbilds in verschiedenen Epochen ein. So stellt die Zeit zwischen der Gründung des Eisenbahnwesens (etwa 1835) bis zum Ende der Länderbahnen (etwa 1925) die Epoche I dar. Die Epoche II beginnt mit der Gründung der Deutschen Reichsbahn-Gesellschaft und endet mit dem Zweiten Weltkrieg (1945). Danach folgt die Epoche III, die etwa bis zum allgemeinen Niedergang der Dampflokära um 1970 geht und wird von der Epoche IV fortgesetzt, die sich bis etwa zur Gründung der Deutschen Bahn AG (DB) 1993 hinzieht. Unsere heutige Zeit wird mit der Epoche V bezeichnet.

Gleise: Gleise bestehen beim Vorbild aus Schienen, Schwellen und den Verbindungsmitteln (Kleineisen). Es ist also falsch von Gleisen und Weichen zu sprechen, weil die Weichen ein Bestandteil der Gleisanlagen sind. Im Modellbahnwesen unterscheidet man in Fertiggleise und Flexgleise. Fertiggleise sind konfektionierte Längen, die als Geraden mit verschiedenen Längen oder als Bögen mit verschiedenen Radien im Handel sind. Ihre Geometrie ist genauso unterschiedlich wie ihre Verbindungen, da jeder Hersteller sein eigenes System hat. Flexgleise sind flexible Gleisstränge von etwa 1000 mm Länge, die sich aufgrund ihrer Konstruktion (begrenzt) in beliebigen Bögen verlegen lassen. Die Vorteile bestehen darin, daß mit diesem Gleismaterial relativ lange Strecken ohne Stöße sowie Übergangsbögen (parabelförmige Übergänge zwischen Geraden und Bögen) verlegt werden können.

Weichen: Weichen sind Gleiskonstruktionen, die einen Übergang der Schienenfahrzeuge von einem Gleis zum anderen ermöglichen, ohne daß die Fahrzeuge ihre Fahrt unterbrechen oder das Gleis verlassen müssen. Bei dieser Abzweig- oder Kreuzungskonstruktion entstehen führungslose Stellen im Gleis, die – obwohl sie durch besondere Vorrichtungen (Radlenker) gesichert sind – Gefahrenstellen bilden und fahrtechnisch (Langsamfahrt) besonders zu berücksichtigen sind. Nach der Form der Kreuzung oder Abzweigung unterscheidet man einfache Weichen (EW), Doppelweichen (DW), Innenbogenweichen (IBW), Außenbogenweichen (ABW), einfache Kreuzungsweichen (EKW), doppelte Kreuzungsweichen (DKW), Kreuzungen (Kr) und Bogenkreuzungen (Bkr).

Gleisbettung: Alle Gleise müssen in der Höhe und Richtung exakt vermessen und festgelegt werden. Hinzu kommt, daß diese Festlegung wasserdurchlässig und elastisch sein muß. Diese Bedingungen erfüllt am besten ein Bett aus gebrochenem Gestein (Schotter) oder aus grobem Kies. Dabei wird die seitliche Lage durch die hohe Reibung zwischen der Bettung und den Schwellen gesichert, während die Höhenlage durch Unterstopfen der Schwellen gewährleistet wird. Modellbahngleise werden ohne und mit angeformter Bettung angeboten. Dabei bestehen die Bettungen aus fest angespritzten Kunststoffkörpern oder lösbaren Gummikörpern, die neben der Naschbildung des Schotterbetts gleichzeitig als Schalldämmung dienen. Nicht mit Bettungen versehene Gleise sollten immer eingeschottert werden, wozu handelsübliche Gleisschotter oder Naturprodukte gut geeignet sind.